机械原理课程设计

主 编 王 静 杨 勇

副主编 刘新福 肖小红 王 娜

U0235061

北京理工大学出版社
BEIJING INSTITUTE OF TECHNOLOGY PRESS

内 容 简 介

本书是机械原理课程的配套教材,以培养学生的计算机辅助设计能力和机械运动系统方案创新设计能力以及参加国家与省级学科竞赛为目标。着重介绍了机械系统运动方案的拟订过程和设计步骤,并精选了工程实践中的题目作为课程设计题目。

本书可作为高等学校本科机械类各专业机械原理课程设计的教材,也可供从事机械产品开发和创新的工程技术人员参考。

图书在版编目(CIP)数据

机械原理课程设计 / 王静,杨勇主编.—北京:北京理工大学出版社,2019.2(2020.9重印)

ISBN 978-7-5682-6702-1

I.①机… Ⅱ.①王… ②杨… Ⅲ.①机械学-课程设计-高等学校-教材 Ⅳ.①TH111-41

中国版本图书馆 CIP 数据核字(2019)第 024713 号

出版发行 / 北京理工大学出版社有限责任公司

社　　址 / 北京市海淀区中关村南大街 5 号

邮　　编 / 100081

电　　话 / (010)68914775(总编室)

　　　　　　(010)82562903(教材售后服务热线)

　　　　　　(010)68948351(其他图书服务热线)

网　　址 / http://www.bitpress.com.cn

经　　销 / 全国各地新华书店

印　　刷 / 涿州市新华印刷有限公司

开　　本 / 787 毫米×1092 毫米　1/16

印　　张 / 11.25

字　　数 / 264 千字

版　　次 / 2019 年 2 月第 1 版　2020 年 9 月第 2 次印刷

定　　价 / 35.00 元

责任编辑 / 张鑫星

文案编辑 / 党选丽

责任校对 / 周瑞红

责任印制 / 李志强

前 言
Preface

机械工程是国家工业基础,机械工程学科肩负着为国家和社会培养大量优质、高素质人才的重任。国家人才培养政策的更新以及"中国制造2025"的要求,培养创新应用人才、卓越工程师计划、校企合作等计划,都是为了培养社会所需要的高素质人才。

机械原理课程是机械工程学科重要的专业基础课。现代机械原理教学内容区别于传统教学内容的两大特征为:①将机构系统设计引入研究的内容当中。这是机器概念设计的需要、机械产品创新设计的需要。通过机构系统设计理论、方法的研究,使机械原理与产品创新设计紧密相连,同时可大大巩固机械原理在机械工程中的重要地位。②在机构分析和综合中采用了现代数学工具和计算机辅助设计技术,使机构分析和综合方法得到深入、广泛的发展。机构分析和综合方法的深化,使一些复杂的工程设计问题得到了解决。

本书是机械原理课程的配套教材,以培养学生的计算机辅助设计能力和机械运动系统方案创新设计能力为目标。机械原理课程设计是运用机械原理所学知识进行的机械系统运动方案设计的一个综合训练,是使学生全面、系统地掌握和深化机械原理课程的基本理论与方法的重要教学环节。机械原理课程设计是本科阶段的第一个课程设计,对初步掌握机械系统的方案设计和了解机械设计的内容与方法具有重要意义。机械工程师必须在机构的系统分析、创新发展以及将含运动传递功能元件的技术系统进行抽象、概况等方面训练有素。因此机械原理课程设计的合理进行,对于培养未来机械工程师具有重要意义。

当前,计算机辅助设计在机械原理学科中得到广泛的应用。为了在教学过程中培养学生利用计算机软件解决实际问题的思维方法和动手能力,我们引进了MATLAB编程和ADAMS仿真进行机构的运动与动力分析。

另外,随着三维绘图软件(UG/ProE/Solidworks)教学的进行,学生的三维绘图能力普遍增强,因此在课程设计中可提倡学生使用三维绘图软件对所研究机构进行建模。此外,全国机械创新设计竞赛、全国"挑战杯"竞赛、全国工程训练综合能力竞赛、国家级和省级大学生创新训练项目、全国三维数字化创新设计大赛等,对于培养创新型人才都起到了非常重要的推动作用。如果能够在机械原理课程设计中结合创新设计和学科竞赛项目,可起到事半功倍的作用。

本书可作为高等院校机械类各专业的教学用书,也可作为与机械相关的专业和科技人员从事产品开发与创新的参考用书。

参与本书编写的人员有青岛理工大学的刘新福(第1章)、王静(第2章、第6章和第7章)、王娜(第3章)、杨勇(第4章、第8章)和肖小红(第5章)。书中的程序由王静调试。

本书在编写过程中,部分章节的编辑工作得到了硕士研究生金旭阳、张明宇、杜洋和张锐的帮助,并参阅了一些同类教材。没有前人的努力和积累,本书不可能完成,在此向所有参考文献的作者表示诚挚的谢意。此外,对所有曾经为本书的编写和出版给予帮助与支持的同志也一并致谢。

由于编者水平有限,加之时间仓促,书中定有不妥之处,恳请读者批评指正。

编 者

2018 年 6 月

目 录
Contents

第1章 绪论 ……………………………………………………………… 1

1.1 机械创新设计流程 …………………………………………………… 1

1.1.1 设计与学科竞赛 ……………………………………………… 1

1.1.2 机械产品设计方法 …………………………………………… 2

1.1.3 机械产品研发流程 …………………………………………… 2

1.2 综合能力培养与机械科技制作 …………………………………… 4

1.2.1 综合能力培养的内涵 ………………………………………… 4

1.2.2 做好机械科技制作的准备和意义 …………………………… 5

1.3 机械原理课程设计的地位、目的和任务 ………………………… 6

1.3.1 机械原理课程设计的地位 …………………………………… 6

1.3.2 机械原理课程设计的目的 …………………………………… 6

1.3.3 机械原理课程设计的任务 …………………………………… 6

1.4 机械原理课程设计以及其他相关学科竞赛和创新项目申请 …… 7

1.4.1 机械原理课程设计的内容 …………………………………… 7

1.4.2 机械运动方案设计 …………………………………………… 7

1.4.3 课程设计的教学进度 ………………………………………… 8

1.4.4 机械产品选型与创新点提炼 ………………………………… 9

1.4.5 其他相关学科竞赛和创新项目申请 ………………………… 10

1.5 机械课程设计说明书编写 ………………………………………… 12

1.5.1 机械课程设计说明书 ………………………………………… 12

1.5.2 机械课程设计说明书的要求 ………………………………… 13

1.5.3 机械课程设计说明书中的创新设计要点 …………………… 14

1.6 机械原理课程设计答辩和成绩评定 ……………………………… 15

1.6.1 机械原理课程设计答辩 ……………………………………… 15

1.6.2 机械原理课程设计成绩评定 ………………………………… 15

第2章 机械传动系统设计 …………………………………………… 16

2.1 原动机的类型和选择 ……………………………………………… 16

2.1.1 原动机的类型 …………………………………………………… 16

2.1.2 电动机的选择 …………………………………………………… 18

2.2 传动链与传动装置的设计 ………………………………………… 19

2.2.1 传动路线的选择 ………………………………………………… 19

2.2.2 传动装置的选择 ………………………………………………… 21

2.3 总传动比的确定及分配 …………………………………………… 24

2.4 机械传动系统方案设计实例 ……………………………………… 29

2.4.1 蜂窝煤成型机传动系统的设计 ………………………………… 29

2.4.2 颚式破碎机的设计 ……………………………………………… 33

2.4.3 平板搓丝机的设计 ……………………………………………… 34

第3章 执行机构运动协调设计 ……………………………………… 38

3.1 机构设计概述 ……………………………………………………… 38

3.2 执行机构运动规律设计 …………………………………………… 38

3.3 执行机构运动协调设计 …………………………………………… 40

3.4 机械运动循环图设计 ……………………………………………… 43

第4章 机构系统运动方案设计 ……………………………………… 47

4.1 机构常见的运动形式及其介绍 …………………………………… 47

4.1.1 平面连杆机构 …………………………………………………… 47

4.1.2 凸轮机构 ………………………………………………………… 49

4.1.3 齿轮传动 ………………………………………………………… 52

4.1.4 轮系 ……………………………………………………………… 55

4.2 其他特殊机构简介 ………………………………………………… 56

4.2.1 间歇运动机构 …………………………………………………… 56

4.2.2 定传动比匀速转动机构 ………………………………………… 59

4.2.3 往复运动机构 …………………………………………………… 61

4.2.4 行程放大机构 …………………………………………………… 62

4.3 机构选型 …………………………………………………………… 63

4.3.1 机构的选型方法 ………………………………………………… 64

4.3.2 机构的组合方式 ………………………………………………… 65

4.3.3 执行构件的运动形式 …………………………………………… 66

4.3.4 机构选型的基本要求 …………………………………………… 66

4.3.5 执行机构运动协调设计 ………………………………………… 66

4.3.6 执行机构运动协调设计应满足的要求 ………………………… 66

4.3.7 执行机构运动协调设计的分析计算 …………………………… 67

4.4 基于功能分析的机构系统运动方案设计方法 …………………… 67

4.5 运动方案的评价 …………………………………………………… 68

4.5.1 评价目标 ······ 68

4.5.2 评价方法 ······ 69

第 5 章 机械创新设计 ······ 71

5.1 创新设计方法 ······ 71

5.1.1 创新设计的概念 ······ 71

5.1.2 创新设计的分类 ······ 71

5.1.3 创新设计的特点 ······ 72

5.2 机械创新设计思维 ······ 72

5.2.1 创造性思维 ······ 72

5.2.2 机械创新设计思维的基本形式 ······ 73

5.3 机械创新设计原理 ······ 74

5.3.1 综合创新原理 ······ 74

5.3.2 分离创新原理 ······ 74

5.3.3 移植创新原理 ······ 75

5.3.4 逆向创新原理 ······ 75

5.3.5 还原创新原理 ······ 75

5.3.6 价值优化原理 ······ 76

5.4 常用机械创新途径 ······ 76

5.4.1 缺点列举法 ······ 76

5.4.2 希望点列举法 ······ 77

5.4.3 系统设问法 ······ 77

5.4.4 信息联想法 ······ 80

5.4.5 专利文献选读法 ······ 81

5.4.6 集思广益法 ······ 81

5.5 机械创新设计过程 ······ 81

5.5.1 常规机械设计的一般过程 ······ 81

5.5.2 机械创新设计的一般过程 ······ 82

5.6 机械创新设计实例——便携式户外遮阳伞设计 ······ 83

5.6.1 固定装置的设计 ······ 83

5.6.2 自动伞伸缩杆的设计 ······ 86

5.6.3 结论 ······ 87

第 6 章 平面连杆机构运动学和动力学分析 ······ 88

6.1 概述 ······ 88

6.2 使用 MATLAB 进行铰链四杆机构运动学和动力学仿真 ······ 89

6.2.1 运动分析 ······ 89

6.2.2 力分析 ······ 91

6.2.3　程序设计 ……………………………………………… 94

6.2.4　运算结果 ……………………………………………… 101

6.3　使用 MATLAB 进行曲柄滑块机构的运动学和动力学仿真 ……………… 102

6.3.1　运动分析 ……………………………………………… 103

6.3.2　力分析 ………………………………………………… 104

6.3.3　程序设计 ……………………………………………… 107

6.3.4　运算结果 ……………………………………………… 114

6.4　利用 ADAMS 进行铰链四杆机构的运动学仿真 ………………………… 116

6.4.1　建模 …………………………………………………… 116

6.4.2　后处理 ………………………………………………… 121

6.5　利用 ADAMS 进行曲柄滑块机构的运动学仿真 ………………………… 123

6.5.1　建模 …………………………………………………… 123

6.5.2　后处理 ………………………………………………… 127

第 7 章　机械运动方案设计实例分析 ………………………………………… 128

7.1　压片机加压机构方案创新设计 …………………………………………… 128

7.1.1　设计要求 ……………………………………………… 128

7.1.2　设计过程 ……………………………………………… 129

7.2　洗瓶机设计 ………………………………………………………………… 137

7.2.1　设计要求 ……………………………………………… 137

7.2.2　设计过程 ……………………………………………… 138

第 8 章　机械原理课程设计题目选编 ………………………………………… 144

8.1　步进输送机设计 …………………………………………………………… 144

8.1.1　工作原理 ……………………………………………… 144

8.1.2　原始数据及设计要求 ………………………………… 144

8.1.3　设计方案提示 ………………………………………… 145

8.1.4　设计任务 ……………………………………………… 145

8.2　肥皂压花机设计 …………………………………………………………… 145

8.2.1　设计要求及工艺动作过程 …………………………… 145

8.2.2　原始数据 ……………………………………………… 146

8.2.3　设计方案提示 ………………………………………… 146

8.2.4　设计任务 ……………………………………………… 146

8.3　插床机构设计 ……………………………………………………………… 146

8.3.1　机构简介与设计数据 ………………………………… 146

8.3.2　设计内容 ……………………………………………… 147

8.4　牛头刨床刨刀的往复运动机构 …………………………………………… 149

8.4.1　机构简介与设计数据 ………………………………… 149

8.4.2　设计内容 ……………………………………………………… 150

8.5　汽车前轮转向机构 ………………………………………………… 150

8.5.1　机构简介与设计数据 ………………………………………… 150

8.5.2　设计内容 ……………………………………………………… 151

8.6　铰链式颚式破碎机 ………………………………………………… 152

8.6.1　机构简介与设计数据 ………………………………………… 152

8.6.2　设计内容 ……………………………………………………… 153

8.7　压床 …………………………………………………………………… 153

8.7.1　机构简介及设计数据 ………………………………………… 153

8.7.2　设计内容 ……………………………………………………… 154

8.8　膏体自动灌装机设计 ……………………………………………… 156

8.8.1　工作原理 ……………………………………………………… 156

8.8.2　原始数据及设计要求 ………………………………………… 156

8.8.3　设计方案提示 ………………………………………………… 156

8.8.4　设计任务 ……………………………………………………… 156

8.9　巧克力糖自动包装机设计 ………………………………………… 157

8.9.1　设计要求 ……………………………………………………… 157

8.9.2　设计方案提示 ………………………………………………… 158

8.9.3　设计任务 ……………………………………………………… 158

8.10　三面切书自动机设计 …………………………………………… 158

8.10.1　工作原理及工艺动作 ……………………………………… 158

8.10.2　原始数据及设计要求 ……………………………………… 159

8.10.3　运动方案构思提示 ………………………………………… 159

8.10.4　设计任务 …………………………………………………… 160

8.11　平压印刷机 ………………………………………………………… 160

8.11.1　机构简介及设计数据 ……………………………………… 160

8.11.2　设计任务 …………………………………………………… 161

8.12　蜂窝煤成型机 ……………………………………………………… 161

8.12.1　机构简介及设计数据 ……………………………………… 161

8.12.2　设计方案提示 ……………………………………………… 162

8.12.3　设计任务 …………………………………………………… 162

8.13　平板搓丝机 ………………………………………………………… 163

8.13.1　机构简介及设计数据 ……………………………………… 163

8.13.2　设计任务 …………………………………………………… 163

8.14　小型卧式模锻机执行机构 ……………………………………… 164

8.14.1　设计题目 …………………………………………………… 164

8.14.2　设计参考方案 ……………………………………………… 165

8.14.3　设计任务 …………………………………………………… 166

8.15　木地板连接榫舌和榫槽切削机 …………………………………… 167

8.15.1　设计题目 …………………………………………………… 167

8.15.2　设计任务 …………………………………………………… 168

8.16　设计并制作小型机器 ……………………………………………… 168

8.16.1　设计题目 …………………………………………………… 168

8.16.2　设计任务 …………………………………………………… 169

参考文献 ……………………………………………………………………… 170

第1章

绪　论

1.1　机械创新设计流程

1.1.1　设计与学科竞赛

设计是创造性地建立满足功能要求的技术系统的活动过程。简单地说,设计即解决问题,它存在于人类日常生活和工作中。设计的全过程是应用知识、开拓思维、创新方法、应用原则、领悟精神的创新实践活动。人们通常所称的设计包括工程设计和机械设计等,其中,机械设计则包含机器设计和机构设计。设计、工程设计、机器设计和机构设计的包含关系如图 1.1 所示。

图 1.1　设计、工程设计、机器设计和机构设计的包含关系

工程设计是一个创造过程,是所有新装置、产品、系统的必要来源。在工程设计中,需要考虑通过多种不同的方式去满足同一种需求。

机械工程是工业的基础,制造业是创造物质财富最基本的手段,机械制造业则是制造业的核心,机械产品遍布各个行业。机械工程设计即机械设计,是指设计机械装置、产品及其系统。机械设计的研究重点是机器设计。机器是根据某种使用要求而设计的执行机械运动的装置,可用来变换或传递能量、物料和信息。

机构设计主要考虑如何产生或选择一种特定的机构、决定构件和运动副的数目与种类、确定运动副之间构件的几何尺寸,以实现预期的运动。一个好的机械原理方案能否实现,机构设计是关键。

学科竞赛有利于学生相互交流、开拓天地、提高水平、共同进步,有利于培养"厚基础、宽口径、高素质"的创新型人才。全国大学生机械创新大赛是经中华人民共和国教育部高等教育司批准,由教育部高等学校机械学科教学指导委员会主办,机械基础课程教学指导分委员会、全国机械原理教学研究会、全国机械设计教学研究会、北京中教仪科技有限公司联合著名高校共同承办的、面向大学生的群众性科技活动。其目的在于引导高等学校在教学中注重培养大学生的创新设计能力、综合设计能力与协作精神;加强学生动手能力的培养与工程实践能力的训练,提高学生针对实际需求进行机械创新、设计、制作的实践工作能力,吸引和鼓励广大学生踊跃参加课外科技活动,为优秀人才脱颖而出创造条件。

1.1.2 机械产品设计方法

随着历史和相关技术的发展,机械产品设计方法经历了以下几个阶段。

1.直觉设计阶段

人类祖先利用直觉设计一些机械装置,如弓箭、杠杆、风车等。从早期知其然不知其所以然,到后来逐步分析其规律和原理,逐渐涌现出很多各行各业的科学家,如木匠祖师鲁班、机械巨匠马钧、博学多才的沈括等。

2.经验设计阶段

随着数学和力学知识的发展,以及工业革命的巨大推动,各类机械的创造发明进入蓬勃发展期,但是此阶段还缺乏系统性的机械设计理论,仍然停留在依靠设计者经验进行设计的阶段。

3.传统设计阶段

各种机械设计理论和机构图册系统的研究,为设计者提供了大量的设计参考数据。这些作为辅助工具,可以帮助设计者方便地完成设计工作。

4.现代设计阶段

机械专家借助计算机技术和图论,建立机械产品专家设计系统,机械设计进入现代设计阶段,并实现了产品设计的程序化、自动化和创造性相结合。

1.1.3 机械产品研发流程

机械产品创新设计过程可分为设计方案综合和产品性能分析两大部分。

设计方案综合内容为功能设计、机械运动方案设计和产品结构设计,以期获得确定的产品外观造型(初选构件结构尺寸)和对应的实用功能。该过程偏重原始创新,必须依据扎实的专业知识和丰富的经验积累,具有较大的创造性,伴随产生一些新的设计理念和产品。

产品性能分析是对已有的机械运动方案进行运动学分析,获得优化的结构尺寸(主要是长度尺寸,不考虑结构和强度),进一步使用动力学分析,再获得优化的结构尺寸(包括长度、横截面形状等产品三维数据)。该过程偏重逻辑思维,依靠一些专业分析计算软件,根据分析计算结果改善和优化产品的运动与力学性能。

图 1.2 给出了机械产品研发的流程。

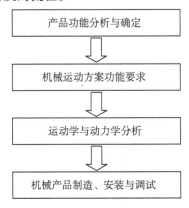

图 1.2 机械产品研发的流程

1.明确产品功能

不管是有明确的参赛主体还是自主研发的机械产品,都需要进行市场检索和相关资料(产品、论文、专利等)检索,确定机械产品及其所具有的功能和市场定位,明确设计目标和内容。

机械产品的创新起始于功能创新,即需求设计的确定。通过对市场进行调查和检索,明确市场上没有的或是对已有产品有重大改进的功能,确定所研发的对象和内容。

2.基于功能元求解的机械运动方案设计

基于功能元分析,求解或设计对应的机械动作,完成原动机—传动结构—执行机构组成的机械系统方案简图设计。对可选的多个机械产品可行方案进行分析与论证,获得最优方案。该步骤是机械产品创新的关键。

尽管现代设计方法力求更多地让计算机帮助人类进行创新设计,但是计算机只能部分取代人类思维,一些新奇、巧妙的机械产品,往往还是由机械工程师根据已有的设计经验和理论综合得到的。因此"成功无捷径",总结常见机构功能元的求解方案,多做生产和生活的有心人,仍然是机械产品创新设计的必由之路。

3.从运动学和动力学分析获得合适的机械产品结构

确定了机械运动方案后,可以建立其参数化数学模型,进行机械运动学仿真,获得满足工艺要求的长度尺寸,必要的时候还需要进行机构优化设计以获得满足较高性能要求的结构尺寸。

构思产品零部件细节,建立产品三维模型,采用虚拟样机技术实现产品运动仿真,验证设计理念,同时进行运动干涉检验。

将产品三维模型数据导入机械动力学分析软件,添加实际力和力矩,获得在一定结构参数下的动力特性分析结果。

4.机械产品的数控加工与安装调试

根据材料购置情况和已有的加工制造条件,制作非标准件的加工工艺卡。这些工艺卡既可以作为后期学生自己动手加工的指导文件,又可以作为代加工文件发送给制造方。

购置相关材料,借助三维软件(如 Pro/E 或 UG)的虚拟数控加工模块,自动生成数控加工代码,根据相应的数控加工系统进行局部修改后,传输到数控机床上进行数控加工。

将机械产品系统的所有零部件或组件进行安装调试,尤其是机电一体化系统,需要进行多次调试,以确保安全、稳定运转和各项功能的实现。

1.2 综合能力培养与机械科技制作

机械创新设计大赛是一个涵盖市场调研、产品研发、竞赛答辩及其相关环节的综合性赛事,其特点如下:

(1)构思新颖性。发散思维、不拘一格,最终的产品既可能是对现有产品的较好完善,也可能是发明创造出的新产品。

(2)实用可行性。开展广泛的市场调查,深入到产品的应用单位进行需求和功能分析研究。

(3)操作实践性。在制作过程中加工、组装、调试,反复修改和完善,很好地锻炼和提高了学生的动手操作能力。

(4)学科综合性。不少作品融合机械、电子、光学、控制、材料、物理、数学等多学科知识,体现了科技发展既分化又交叉的时代趋势。

(5)制作合作性。不同专业和院系的学生组合在一起,发挥各自的专业优势和特长,分工合作,彼此协调,培养并体现了良好的团队精神。

(6)素质综合性。大赛综合了学科知识应用、设备购置与加工、沟通与交流、陈述与答辩等多个环节,经历该过程的学生在各个方面都受到了良好的培养,综合素质得到极大的提高。

从上述竞赛特点来看,学生参与科技制作与学科竞赛无疑是对当前教育体系和方法的有益补充,它的作用和地位不亚于大学的理论课堂。这里将之命名为"第二课堂"或课外科技制作,与"第一课堂"(理论和实验教学)相辅相成、互为补充。"机械原理课程设计"往往是在第四学期学生学完"机械原理"课程后进行的。在完成课程设计之后,学生就可以使用"机械原理"课程和"机械原理课程设计"中学到的知识与设计方法来设计创新产品,进而参加竞赛。

1.2.1 综合能力培养的内涵

在大学阶段,结合机械科技制作,综合能力培养内涵应包含以下几个方面。

1.机械专业知识能力

解决任何技术难题,如产生一个好的创意,对机械系统进行几何和数学建模、分析、计算、仿真与机械产品实践制作等,都需要掌握一些专业理论知识。在机械科技制作中,一个好的作品或思路,往往来源于对生活细微的观察和敏锐的思考,需要利用所学的专业知识,理论联系实际,进行吸收、消化、创新和再创造。没有厚重的知识储备和敏锐的洞察力,即便是"机会"也会擦肩而过,最后的结局也只能是一次次地错失良机。

2.创新能力

一个机械作品是否优秀、是否有市场,关键在于创新点。机构的设计是否新颖、巧妙,结构是否简单、执行可靠,产品的使用是否舒适、便利,与市场同类产品相比是否功能多样、性价比更高等,这些都是创新点的具体体现。

3.动手能力

在机械科技制作中,学生要经历选材、购置、试加工、装配与调试等环节,由于一般制作的是单件产品和试制品,整个加工过程对于学生而言难度是不可预料的,有时甚至需要多次返工。但是正因为经历了这样一个艰难的过程,学生的动手能力和解决问题的能力才会得到提高。

4.科技论文的写作和报告能力

当前,本科阶段的学生学习偏重专业知识学习,而对科技论文写作和报告方面的能力培养主要放在研究生阶段。但是通过参与机械科技制作,阅读大量相关的科研论文,并撰写调研报告、研究论文或说明书,本科阶段的学生也可以具有较好的科技论文写作和报告能力。

5.团队协作能力

科技制作从项目申请、方案论证,再到实物制作、报告演示甚至竞赛答辩,各个环节都需要不同方面宽广的知识,如资料收集、论文写作、材料采购、机械加工、安装调试、视频和宣传画制作、讲解答辩等,仅靠一个人的力量是难以全部实现的。这就需要一个团队多容纳多才多艺的同学,大家分工协作、相互补充、集体研讨,共同出色地完成机械产品的科技制作。同时在制作过程中应多向指导老师和同学学习,努力提高自身的综合能力。

以上综合能力的培养中,专业知识是立身之本,但仅有理论知识是行不通的,只有将理论与实践相结合,才能使自己真正具备较强的解决实际问题的能力。较强的综合能力不是凭空得来的,也不是仅凭学好课堂理论知识就可以培养出来的。在大学阶段,通过参与综合知识较丰富的机械科技制作,不仅可以解决专业知识的实践问题,还可以锻炼其他多项综合能力,是学生在现有大学教育教学培养环境中提高自身综合素质的好方法。

1.2.2 做好机械科技制作的准备和意义

对于有志于参与机械科技制作的学生来说,大一应主要学习高等数学、机械制造基础课程,同时利用课余时间深入学习 Pro/E、UG 等产品三维造型软件;大二则应学习机械原理、工程力学课程,同时利用课余时间学习数学计算分析软件 MATLAB、机构动力学仿真软件 ADAMS、VC 或 VB.net 等编程语言,并结合具体机械产品实例进行适当难度的机械优化设计训练;大三应主要学习数控技术、机械设计课程,加强数控加工工艺和产品加工技能培养等。

完成一个具有复杂性和难度的机械产品科技制作,对学生的锻炼不仅是将所学的机械专业核心课程进行综合应用,而且使学生的综合能力(创新能力、动手能力、工程实践能力、科技论文写作和报告能力、团队协作能力、沟通表达能力等)得到极大的提高,另外也提高了其视频剪辑、图像处理、广告设计与制作等能力。通过这个过程的锻炼,学生自信心增强、科技创新制作兴趣浓厚,同时也熟悉了机械产品制作的流程,认识到自己的不足,明确了个人今后的学习方向和发展方向。因此,大力开展课外科技制作,培养研究型与应用型的复合型机械专业人才,是对当前教育教学方法的一种改革和有益尝试。

1.3 机械原理课程设计的地位、目的和任务

1.3.1 机械原理课程设计的地位

设计是一个创新的过程,而在设计的 4 个阶段中,方案设计的创新及其优劣尤为重要,它对机械系统功能的实现、性能的好坏、经济性及其市场竞争力具有决定性的作用,直接关系到机械设计全局的成败。因此机械系统的方案设计在整个机械设计中占有极其重要的地位。而机械原理课程的内容正是为方案设计提供了理论依据和基本方法,是机械系统运动方案设计的一个综合训练。机械原理课程设计是本科阶段的第一个课程设计,是最适合培养学生创新能力的一门课程,是培养学生综合运用“机械原理”课程所学理论知识、技能和解决实际问题的能力,使学生获得工程技术训练必不可少的实践性教学环节,对初步掌握机械系统的方案设计和了解机械设计的内容与方法具有重要意义。

1.3.2 机械原理课程设计的目的

机械原理课程设计是“机械原理”课程教学中最后一个重要的实践教学环节,是培养学生进行机械运动方案设计、机械创新设计以及应用计算机对工程实际中各种机构进行分析和设计能力的一个重要的训练过程。其主要目的如下:

(1)通过课程设计,综合运用所学的知识,去分析和解决与本课程有关的工程实际问题,并使学生进一步巩固和加深所学的理论知识。

(2)使学生得到拟订运动方案的训练,并具有初步的机械造型与组合及确定传动方案的能力,培养学生开发和创新机械产品的能力。

(3)使学生掌握机械运动方案设计的内容、方法和步骤,对动力分析与设计有一个较完整的概念。

(4)培养学生自学、绘图、表达及运用计算机和查阅有关技术资料的能力。通过编写设计计算说明书,培养学生的表达能力和归纳总结能力。

(5)学生在设计过程中需要分组进行,有利于培养团队合作精神。

1.3.3 机械原理课程设计的任务

机械原理课程设计任务一般可分为:

(1)根据给定的机械工作要求,合理地进行机构的造型和组合。

(2)拟订机械系统的多个运动方案,对各运动方案进行比较,最后选定一个最佳的运动

方案,绘出机构运动简图。

(3)对选定方案中的机构(连杆机构、凸轮机构、齿轮机构、其他常见机构等)进行设计和分析。

(4)拟订、绘制机构运动循环图。

(5)进行机械运动和动力分析与设计。

1.4 机械原理课程设计以及其他相关学科竞赛和创新项目申请

1.4.1 机械原理课程设计的内容

机械原理课程设计一般为1~2周。根据设计内容可以将学生进行分组,每组4~6人。分组的原因,一方面是在进行机械运动方案设计时,可以集思广益;另一方面是进行解析法程序设计时,工作量比较大,一个人难以短时间内完成。

(1)机械运动方案设计,主要任务是完成一个简单机械的总体运动方案设计。首先进行机构的型综合,即正确地选择机构的类型。要求学生从各个常用机构中选择2~3种适当的机构,并进行合理的组合,以实现所需求的运动。

(2)按照传动比及其他设计要求,确定简单机械的总体尺寸,计算各级的传动比,给出各执行机构与传动机构的初步尺寸。

(3)绘制机械系统运动简图,编制机器运动循环图。

(4)对所选出的2~3种常用机构进行运动设计,即具体机构的尺寸综合,求出机构的主要尺寸。

(5)对上述机构进行运动分析,绘制平面机构运动简图,或进一步进行动力分析与飞轮转动惯量的确定,绘制机械系统动力分析图。

(6)编写设计计算说明书,列出计算公式及程序,绘制有关的图纸,对结果进行分析讨论。

为了保证机械原理课程设计基本内容的完整性和综合性,教师应根据专业需要而定,选题时应注意以下几点。

(1)一般应包括3种基本机构(平面连杆机构、凸轮机构、齿轮机构)的分析与综合。

(2)应具有多个执行机构的运动配合关系和运动循环图的分析与设计。

(3)运动方案的选择与比较。

1.4.2 机械运动方案设计

在明确了机械产品的功能后,进入机械产品设计最重要、最能体现创新性的环节——机械运动方案设计(包含机械产品结构设计)。运动方案设计的优劣,决定了机械产品的性能、造价和市场前景。

运动方案的设计是设计者将原动机、机构组合、执行机构组合为一部完成特定工作任务的机械系统的全面构思。完成同一工作任务,可以有多种不同的工作原理,即使工作原理相同,设计方案也可能迥然不同。经过认真细致的分析比较,会发现这些方案各有利弊,要根据主要的评价原则舍其余而选其一。

在设计之初,这种构思往往是最为艰难的,仅仅是达到或满足设计要求已经不易,如果设计方案相对已有方案而言具有多方面的优越性,则该设计不仅体现了设计者深厚的设计功底,而且还具备一些不可预期的偶然性——设计灵感,因此原始创新一般是可遇不可求的。

为了顺利地进行机械运动方案设计,必须掌握必要的知识和环境信息,必须了解有关学科在实现运动方案设计中所起到的作用。具体要求包括:

(1)充分了解并掌握各种常用机构的基本知识。

(2)必须了解和掌握各种动力源的性能和使用要求。

(3)必须熟悉对设计方案的选择有重要影响的周围环境信息(如加工制造条件、产品使用条件等)。

(4)充分重视其他学科的技术发展和应用情况。

机械运动方案设计的主要步骤如下:

(1)工艺参数的给定及运动参数的确定。

(2)方案的比较和决策。

(3)执行构件间运动关系的确定及运动循环图的绘制。

(4)动力源的选择及执行机构的确定。

(5)机构的选择及创新设计,机构运动和力学性能的分析。

1.4.3 课程设计的教学进度

课程设计的教学进度安排如表 1.1 所示。

表 1.1　课程设计的教学进度安排

内容安排	时间/d	备注
布置题目,讲解注意事项	0.5	可提前分散进行
机械运动方案设计,方案选择、综合,绘制机械系统运动简图,编制运动循环图	2	小组内每人出 2~3 套方案,最后小组内综合,选择 5~6 套优秀方案
选取一个机构,如六杆机构,采用图解法进行运动和动力的分析	1	小组内每人选取 2 个典型位置作图与计算
采用解析法对该机构进行分析计算、编制程序、上机调试、画图	2	
编写说明书	1	
答辩	0.5	以小组为单位,每组答辩时间为 30~45 min
合计	7	

1.4.4　机械产品选型与创新点提炼

设计和制造一个机械产品,首先要明确产品的类型和功能。全国机械创新设计大赛、全国工程训练综合能力竞赛都有明确的参赛主题,只能在设定的主题范围内设计相关的产品。而挑战杯课外科技制作、全国三维数字化创新设计大赛等则不限制作品范围,只要是对生产、生活有实用价值,并且有较高性价比的替代产品,都可以参赛。

要善于发现问题和提出问题,这一点有时甚至比解决问题更重要。如某类产品已有大量应用,技术应用也很成熟,再在上面进行革新设计非常困难。或者针对某个主题,大家很容易想到的创新点如果不是非常突出,建议另辟蹊径。

不同的功能目标可引出不同的原理方案。例如,设计一个夹紧装置时,若把功能目标定在机械手段上,则可能设计出螺旋夹紧、凸轮夹紧、连杆机构夹紧、斜面夹紧等原理方案;若把功能目标确定扩大,则可能出现液压、气动、电磁夹紧等原理方案。

创新思维是关键,创新是一个国家的灵魂,也是一个机械产品有别于已有产品并能占据市场的重要因素,同时对于参与机械创新设计大赛的学生来说,其所设计的作品能走多远,关键的因素就是创新点是否突出。

对如何提炼机械创新作品,建议采用如下方法。

(1)善于发现生活中的机械产品,研究分析其不足之处,加以改进,或根据生活中缺乏某类功能的产品而进行原创性设计,要满足实际生产生活需要,体现科技创新幸福新生活的原则。

这里一定要摒弃"先入为主"的被动思想,不要认为现有的产品是机械专家研究开发的,自己难以对其进行革新或改进,应该抱着"挑刺"的主动态度,寻找研发的切入点。

(2)广泛涉猎互联网资源或创新设计作品集,从他人的作品中找到灵感,消化吸收后再创新,要体现新产品的新功能、新技术和实用性。

为了了解目前市场上已有类似功能的产品、相关技术,有必要进行市场调查和专利文献检索。在网络飞速发展和资源共享的今天,足不出户就可以从网络中查阅到大量的信息。例如,一些视频网站有大量的机械产品研制和使用说明视频可以检索查阅,这可极大地开阔视野,了解相关产品的设计方法和内部构造,获得大量涉及该产品的资料。

除了在公众网络中检索一些产品信息外,如今高校都购置有数字化图书馆,包含各类学科的所有电子出版物,拟定与产品和技术相关的关键词,可以检索到数以万计的资料。

对于本科生,要求能够查阅中文数据库,如维普资讯、万方数据库、中国知网数据库等,并认真阅读和理解文献内容。当然,英语基础比较好的学生,可以在学有余力的情况下,查阅 SCI、EI 等外文期刊。

检索资料的目的:一是了解现有的产品和所使用的相关技术;二是查新,即团队所设计的机械产品是否大部分复现已有的产品,或者有大部分功能类似的产品,以及所使用的方法和技术手段是否具有先进性和科学性。若查新后发现现有设计理念创新性不足,建议放弃,以节约时间和成本。

学习知识、研发产品都是一个学习、模仿、再创新的过程,任何机械产品都不会是一个"空中楼阁"式的以及与现有产品毫无瓜葛的产品。

(3)对现有产品的落后功能进行舍弃,将多个功能糅合进一个产品,要注意多功能糅合后其动力传递系统的干涉、协调设计。

1.4.5 其他相关学科竞赛和创新项目申请

除了每两年(偶数年)一届的全国大学生机械创新设计大赛之外,机械专业学生还可以参与的全国性大赛和项目有"挑战杯"课外科技作品制作大赛、全国工程训练综合能力竞赛、国家级和省级大学生创新训练项目、全国三维数字化创新设计大赛等。这些赛事都有创新能力要求高、参与学生众多、社会影响力大等特点。

上述这些赛事本身和机械创新设计大赛不冲突,在能力培养方面也是相互促进的,有些情况下甚至可以"成果共享",因此机械创新设计团队完全可以兼顾这些赛事,力求在大学专业竞赛生涯中一劳多得。

1.挑战杯课外科技作品制作大赛

"挑战杯"是"挑战杯"全国大学生系列科技学术竞赛的简称(官方网址:www.tiaozhanbei.net),是由共青团中央、中国科协、教育部和全国学联、地方省级人民政府共同主办的全国性的大学生课外学术科技创业类竞赛。"挑战杯"竞赛在中国共有两个并列项目:一个是"挑战杯"中国大学生创业计划竞赛(偶数年举办),另一个则是"挑战杯"全国大学生课外学术科技作品竞赛(奇数年举办)。这两个赛事都没有明确的主题,鼓励各专业学生推荐不拘一格的优秀作品或是创业理念等。

"挑战杯"中国大学生创业计划竞赛采取学校、省(自治区、直辖市)和全国三级赛制,分为预赛、复赛、决赛3个赛段进行。作为学生科技活动的新载体,创业计划竞赛在培养复合型、创新型人才,促进高校产学研结合,推动国内风险投资体系建立方面发挥出越来越积极的作用。是一项具有导向性、示范性和群众性的全国竞赛活动。自1989年首届竞赛举办以来,"挑战杯"竞赛始终坚持"崇尚科学、追求真知、勤奋学习、锐意创新、迎接挑战"的宗旨,在促进青年创新人才成长、深化高校素质教育、推动经济社会发展等方面发挥了积极作用,对广大高校乃至社会产生了广泛而良好的影响,被誉为当代大学生科技创新的"奥林匹克"盛会。

2.全国大学生工程训练综合能力竞赛

全国大学生工程训练综合能力竞赛是教育部高等教育司发文举办的全国性大学生科技创新实践竞赛活动(官方网址:www.gcxl.edu.cn),是基于国内各高校综合性工程训练的教学平台,为深化实验教学改革,提升大学生工程创新意识、实践能力和团队合作精神,促进创新人才培养而开展的一项公益性科技创新实践活动。

竞赛宗旨:竞赛为人才培养服务,竞赛为教育质量助力,竞赛为创业就业引路。

竞赛方针:基于理论,注重创新,突出能力,强化实践。

自2009年成功举办第一届以来,该赛事已经成功举办了五届。该赛事有固定的时间节点:两年一届,奇数年举办,与全国机械创新设计大赛错开;固定的参赛内容为:2009年和2011年均为无碳小车连续走S形,2013年在此基础上增加了无碳小车连续走8字形,2015年和2017年竞赛的主题为无碳小车越障竞赛,竞赛命题变为以重力势能驱动的具有方向性控制功能的自行小车。以无碳小车作为命题连续比赛多次,说明了该命题的科学性、评价学生工程训练能力的综合性。

3.全国大学生创新训练项目

全国大学生创新训练项目的宗旨是:通过实施大学生创新创业训练计划,促进高等学校转变教育思想观念,改革人才培养模式,强化创新创业能力训练,提升大学生的综合素质,增强大学生的创新能力和在创新基础上的创业能力,培养适应创新型国家建设需要、适应各行各业发展需要的高素质人才。大学生创新创业训练计划内容包括创新训练项目、创业训练项目和创业实践项目。

1)创新训练项目

创新训练项目是指本科生个人或团队在导师指导下,自主完成创新性实验方法的设计、实验条件的准备、实验的实施、数据处理与分析、报告撰写、成果(学术)交流等工作。

2)创业训练项目

创业训练项目是指本科生团队在导师指导下,团队中每个学生在项目实施过程中扮演一个或多个具体的角色,编制商业计划书、开展可行性研究、模拟企业运行、进行一定程度的验证试验、撰写创业报告等工作。

3)创业实践项目

创业实践项目是指学生团队,在学校导师和企业导师共同指导下,采用前期创新训练项目(或创新性实验)的成果,提出一项具有市场前景的创新性产品或服务,以此为基础开展创业实践活动。

大学生创新项目是指大学生团队在老师指导下,在大学本科学习阶段,完成包含立项申请、执行和中期检查、答辩和验收结题等一系列的科研项目活动,项目的结题成果可以参加相关的学科竞赛。与学科竞赛相比,它更加偏重于学生的项目申报书写作、申请过程的陈述答辩、申请成功后的有计划实施等,当然后期的结题答辩验收也是一个重要的环节。总之,它是一个类似科研人员申请国家级、省级科研项目的科研活动。

4.全国三维数字化创新设计大赛

全国3D大赛(官方网址:www.3ddl.net)以"推动3D技术普及、提升自主创新能力"为主题,以"以赛促教、以赛促训、以赛促用、以赛促新"为宗旨,以"学3D!用3D!我创造!我快乐!"为口号,旨在推动3D技术应用发展、引领3D新兴战略产业、促进创新人才培养、践行创新型国家建设;加速中国从"制造大国"到"创造大国"转变,更好地为经济发展方式转变和产业转型升级服务。全国3D大赛以"三维数字化"与"创新设计"为特色,分为大学生组、职业组与产业组,设立工业与工程方向(工业设计、机电工程结构设计、逆向设计、工程分析、工业仿真、模具设计、数据编程、数字建筑 BIM 等)、数字表现方向(工业设计、CG 与数字艺术、影视动漫、游戏与虚拟现实、建筑与室内外表现等)。

2009 年该赛事首届成功举办以来,每届参与学生人数过百万,具有很高的社会影响力和认可度。究其原因,在于三维技术和计算机仿真技术一样,作为一种新兴的技术,在各行各业中发挥了越来越大的作用。市场的需求决定了掌握该技术就意味着高就业率和较高行业工资水准。该赛事每年举办1次,3月报名,7月完成省赛,11月中旬固定在江苏省常州市科教城进行全国现场总决赛,并举行颁奖典礼。

1.5 机械课程设计说明书编写

1.5.1 机械课程设计说明书

机械课程设计说明书是整个设计计算的整理和总结,也是实际生产中审核机器设计的主要技术文件之一,每一个学生都必须认真对待。正确准备设计说明书,可养成良好的习惯,并可为后面的其他设计和毕业设计的说明书书写打下良好的基础。课程设计说明书内容大致包括:

Ⅰ.前言

Ⅱ.目录(标题、页次)

1.设计任务书

1)设计题目(包括设计条件、要求等)

2)简图

2.原动机的选择

3.传动比的分配

4.机械系统运动方案的拟订

1)功能分解

2)求各功能元的解

应尽可能多地将各种原理的不同方法分别列出,并对各方案的特点加以说明。

3)初选运动方案并做简单评价

从原动机到执行机构的运动方案,画出运动系统方案示意图并做简单评价。

4)绘制运动循环图

绘制直角坐标式运动循环图,协调各执行机构间的运动关系。

5)设计执行机构

方法不限,初步确定机构尺寸,画机构运动简图。

6)对执行机构做运动学和动力学分析

(1)图解法。每人选两个位置,注意选择合适的作图比例,确保作图精度。

(2)解析法分析。给出程序流程框图并编写程序;附自编程序、计算数据及输出曲线图。对程序中使用的符号、变量做出说明,并列出数学模型中的符号与程序中符号的对照表。同时,对所设计的机构采用机构动力学仿真软件 ADAMS 进行建模与动力学仿真,以检验机构运动的可行性和合理性。

(3)结果分析。对图解法和解析法的计算结果进行分析;对数据满足功能情况进行分析,必要时对设计做相应修改。

5.设计体会

6.列出主要参考资料并编号。参考资料的书写必须符合参考文献著录国家标准,举例如下:

[1]孙桓,陈作模.机械原理[M].7 版.北京:高等教育出版社,2006.

[2]李滨城,徐超.机械原理 MATLAB 辅助分析[M].北京:化学工业出版社,2011.

1.5.2 机械课程设计说明书的要求

(1)每个学生在接到课程设计题目后应及时准备一草稿本,将设计过程中查阅摘录的资料、方案构思的草图、分析设计的模型、程序设计的草稿等详细记录在案,作为撰写设计说明书的基本资料。

(2)课程设计说明书可以打印,也可以用蓝色或黑色墨水的钢笔或签字笔书写。要求字迹工整、文字简练、语言通顺、层次分明。

(3)计算内容采用"三步法"(列出公式、代入数据、出结果),标明单位,中间运算省略。

(4)说明书应按逻辑关系编写大、小标题,所用公式和参数应注明其来源(参考资料的编号和页次)。

(5)说明书用 16 开或 A4 的纸书写,并装订成册,其封面格式如图 1.3 所示,其内页格式如图 1.4 所示,设计和计算结果放在右侧,清晰且一目了然。

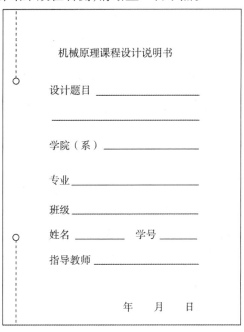

图 1.3 机械原理课程设计说明书的封面格式

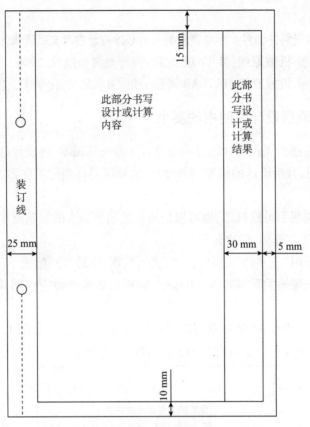

图 1.4 机械原理课程设计说明书的内页格式

1.5.3 机械课程设计说明书中的创新设计要点

如果把机器比作一个人,那么机构则是机器的骨架。机械产品的创新设计,其核心在于机构的创新设计。

机构可实现的功能可以归结为增力(以较小的力输入,获得从动件上较大的力输出,如杠杆)、增程(在整体构件尺寸较小的情况下,实现从动件较大的线位移或角位移)、构件特定运动规律(满足输出构件特定的轨迹、速度或加速度参数要求)三大功用类型。

类似产品创新,机构的创新可以是创新、发明新机构,也可以是对常用机构进行组合设计,以获得满足设计功能的组合机构。

要实现同一运动功能原理要求,原则上可以有多种设计方案。在选择和评价机械运动方案时,机构形式设计的原则如下:

1.机构简单

机构的传动链要尽量短,以减少功能损耗;适当选择运动副,便于后期加工制造;根据产品的使用场合,合理地选择原动机;尽量选用广义机构,如连杆机构、齿轮机构等,少选用设计和加工比较困难的凸轮、槽轮等机构。

2.结构尺寸小

在满足机械力学性能的前提下节省材料,尤其是避免使用一些贵重金属材料;同时机械装置占用空间小,可以节约空间。

3.较好的动力特性

采用机构优化设计理念,对影响机械产品使用性能的参数进行分析和优化。例如优化全周期内较小的压力角,以提高动力传递性能和效率;优化较小的加速度及其跃度,以改善产品的使用受力状况、强度设计,提高材料利用率等。

1.6 机械原理课程设计答辩和成绩评定

1.6.1 机械原理课程设计答辩

答辩是课程设计的最后一个重要环节,通过准备和答辩,可以总结设计方法、步骤,巩固分析和解决工程实际问题的能力。答辩也是对课程设计中各个问题理解深度、广度及基本理论掌握程度进行检查和评定成绩的重要方式,对整个设计质量的提高大有好处。

1.6.2 机械原理课程设计成绩评定

机械原理课程设计的成绩单独计分,最终成绩由平时成绩和答辩成绩组成。每个小组的答辩时间为 30~45 min,每个小组成员答辩时间为 5~6 min。小组内各个成员根据设计内容和过程制作 PPT 进行答辩。课程设计成绩的评定应以设计过程中的表现、在小组中所占工作量的比例、设计说明书、图纸和在答辩中回答问题的情况为依据,由指导教师按优秀、良好、中等、合格、不合格评定。

第2章
机械传动系统设计

在机械设计中,传动装置一般设置在原动机和执行机构之间,主要根据执行机构的工作要求,实现减速、增速、变速、改变运动形式或方位等功能。工程实践表明,传动装置在整机的成本和质量中所占比例很大,在很大程度上决定整机的技术性能和运转费用。本章主要从原动机、传动链、传动装置和传动比分配等方面分别介绍机械传动系统的设计内容,最后介绍几个课程设计的传动系统设计。

2.1 原动机的类型和选择

2.1.1 原动机的类型

原动机的类型很多,特性各异。在机械系统设计中,常用的原动机有以下几种类型。

1.电动机

电动机是一种把电能转换成机械能的装置,其类型很多,不同类型的电动机具有不同的结构形式和特性,可满足不同的工作环境和机械不同的负载特性要求。它的主要优点是:驱动效率高、有良好的调速性能、可远距离控制,启动、制动、反向调速都容易控制,与传动系统或执行机构连接方便,作为一般传动,电动机的功率范围很广。它的主要缺点是:必须有电源,不适合野外使用。电动机广泛应用于工农业生产、交通运输、家用电器、医疗电器设备等方面。根据使用的电源不同,电动机又分为交流电动机和直流电动机两大类。

1)交流电动机

(1)同步电动机。依靠电磁力的作用使旋转磁极同步旋转的电动机称为同步电动机,其最大的优点是:能在功率因子 $\cos\varphi = 1$ 的状态下运行,不从电网吸收无功功率;缺点是:结构较异步电动机复杂、造价较高、转速不能调节。同步电动机常用于长期连续工作而需保持转速不变的大型机械,如大功率离心式水泵和通风机等。

(2)三相异步电动机。使用三相交流电源且转速与旋转磁场不同的电动机称为三相异步电动机。根据转子结构形式的不同,三相异步电动机可分为笼式和绕线式两种。前者结构简单,体积小,易维护,价格低,寿命长,连续运行特性好,转速受负载转矩波动的影响小,具有硬机械特性;但启动和调速性能差,启动转矩大时启动电流也大,适用于无调速要求、连续运转、轻载启动的机械中,如风机、水泵等。后者结构复杂,维护较麻烦,价格稍贵,但启动转矩较大,启动时功率因数较高,可进行小范围的调速,广泛用于启动次数较多,启动负载较大或小范围调速的机械中,如提升机、起重机和轧钢机械等。

2)直流电动机

直流电动机使用直流电源,按励磁方式不同,可分为他励、并励、串励和复励4种形式。其主要优点是:调速性能好,调速范围宽,启动转矩大。缺点是:结构较复杂、维护工作量较大,且价格昂贵。

2.伺服电动机

伺服电动机是指能精密控制系统位置和角度的一类电动机。它体积小、质量小,具有宽广而平滑的调速范围和快速响应能力,其理想的机械特性和调节特性均为直线。

伺服电动机广泛应用于工业控制、军事、航空航天等领域,如数控机床、工业机器人、火炮跟随系统等。

3.内燃机

内燃机的种类有很多,按燃料种类分,可分为柴油机、汽油机和煤油机等;按一个工作循环中的冲程数分,可分为四冲程和二冲程内燃机;按气缸数目分,可分为单缸和多缸内燃机;按主要机构的运动形式分,可分为往复活塞式和旋转活塞式内燃机。其优点是:功率范围宽;操作简单;启动迅速;适用于工作环境无电源的场合,多用于工程机械、农业机械、船舶、车辆等。其缺点是:对燃油的要求较高、排气污染环境、噪声大、结构复杂。

4.液压电动机

液压电动机又称为油电动机,是将液压泵提供的液压能转换成机械能的装置。其优点是:可获得很大的动力和转矩,可通过改变油量来调节执行机构的速度,易进行无级调速,能快速地响应,操作控制简单,易实现复杂工艺过程的动作要求。缺点是:要求有高压油的供给系统,液压系统的制造装配要求高,否则易影响效率和运动精度。主要应用于注塑机械、工程机械、建筑机械、煤矿机械、矿山机械、冶金机械、船舶机械、石油化工等。

5.气动电动机

气动电动机是以压缩空气为动力,是将气压能转变为机械能的动力装置。常用的气动电动机有叶片式和活塞式两种。其主要优点是:工作介质为空气,故容易获取且成本低廉;易远距离输送,排入大气无污染;能适应恶劣环境;动作迅速,反应快。缺点是:工作稳定性差,噪声大,输出转矩不大,只适用于小型轻载的工作机械。其广泛用于矿山机械、船舶、冶金、化工、造纸等行业。

在选用原动机时,要根据工作机械的载荷特性、工作环境和结构布置等要求,从原动机的机械特性、环境影响和经济性等方面来确定原动机的类型。在机械装置设计中,原动机常选用电动机。

2.1.2 电动机的选择

电动机的选择主要考虑以下几个方面的因素。

(1)考虑工作机械的负载特性、工作速度、启动和制动的频繁程度。

(2)考虑电动机本身的机械特性能否与工作机械的负载特性(包括功率、转矩、转速等)相匹配,能否与工作机械的调速范围、工作的平稳性等相适应。

(3)考虑机械系统整体结构布置的需要。

(4)考虑经济性,包括电动机的原始购置费用、运行费用和维修费用等。

(5)考虑工作环境对电动机的要求,如能源供应、防止噪声和环境保护等要求。

1.电动机的类型选择原则

(1)若工作机械要求有较高的驱动效率和较高的运动精度,应选用电动机。电动机的类型和型号较多,并具有各种特性,可满足不同类型工作机械的要求。

① 对于负载转矩与转速无关的工作机械,如轧钢机、提升机械、皮带运输机等,可选用机械特性较硬的电动机,如同步电动机、一般的交流异步电动机或直流并励电动机。

② 对于负载功率基本保持不变的工作机械,如许多加工机床和一些工程机械等,可选用调励磁的变速直流电动机或带机械变速的交流异步电动机。

③ 对于无调速要求的机械,尽可能采用交流电动机;工作负载平稳、对启动和制动无特殊要求且长期运行的工作机械,宜选用笼型异步电动机,容量较大时则采用同步电动机;工作负载为周期性变化,传递大、中功率并带有飞轮或启动沉重的工作机械,应采用绕线式异步电动机。

④ 对于需要调速的机械,若功率小且只要求几挡变速,可采用可变换定子极数的多速(双速、三速、四速)笼式异步电动机;若调速平滑程度要求不高,且调速比不大,可采用绕线式异步电动机;若调速范围大、需连续稳定平滑调速,宜采用直流电动机,若同时启动转速大,则宜采用直流串励电动机;若要求无级调速,并希望获得很大的机械力或转矩时,可选用液压电动机。

(2)在相同功率下,要求外形尺寸尽可能小、质量尽可能小时,宜选用液压电动机。

(3)要求易控制、响应快、灵敏度高时,宜采用液压电动机或气动电动机。

(4)要求在易燃、易爆、多尘、振动大等恶劣环境中工作时,宜采用气动电动机。

(5)要求对工作环境不造成污染,宜气动电动机。

(6)要求负载转矩大、转速低的工作机械或要求简化传动系统的减速装置,需要原动机与执行机构直接连接时,宜选用低速液压电动机。

2.电动机的功率

电动机主要根据其功率和转速要求选取,标准电动机的功率由额定功率表示。所选电动机的额定功率应不小于工作要求的功率。如果功率小于工作要求,就不能保证工作机的正常工作,或使电动机长期过载而过早损坏;如果功率选用过大,就会造成浪费,增加成本。因此,电动机额定功率 P_{ed} 一般要略大于工作机所需电动机的实际输出功率 P_d,即

$$P_{ed} \geqslant P_d \qquad (2.1)$$

式中,P_d 由工作机所需的输入功率 P_w 和电动机至工作机之间的传动装置总效率 η 决定,即

$$P_d = P_w/\eta \tag{2.2}$$

式中,工作机所需的输入功率 P_w 可由工作机的工作阻力和运动参数计算求得,即

$$P_w = Fv/1\,000 = Tn_w/9\,550(\text{kW}) \tag{2.3}$$

式中　F——工作机所需的牵引力或工作阻力,N;

　　　　v——工作机受力方向上的速度,m/s;

　　　　T——工作机所需的阻力矩,N·m;

　　　　n_w——工作机的转速,r/min。

传动装置总效率 η 为从电动机至工作机之间的传动装置各部分效率的连乘积,即

$$\eta = \eta_1\eta_2\eta_3\cdots\eta_n \tag{2.4}$$

式中　$\eta_1,\eta_2,\eta_3,\cdots,\eta_n$——传动装置中每一传动副(齿轮、蜗轮、带或链)、每对轴承、每个联轴器的效率,其值可参见相关机械设计手册。

效率取值与相关零件的工作状况有关。如果加工装配精度高、工作条件好、润滑状况佳时,可取高值,反之应取低值;如果工况不明时,可选低值。

3.电动机的转速

电动机的额定转速一般是直接根据工作机械的要求而选择的,但需要考虑下面几个方面。

(1)电动机本身的综合因素。对电动机来说,在额定功率相同的情况下,额定转速越高的电动机,其尺寸越小,质量越小,同时价格也越低,即高速电动机反而经济。

(2)传动系统的结构。若电动机的转速选得过高,势必增加传动系统的传动比,从而导致传动系统的结构复杂。

为了较好地保证方案的合理性,可根据工作机转速要求和传动机构的合理传动比范围,推算出电动机转速的可选范围,试选几种电动机,经初步计算分析来确定。

电动机的可选范围为

$$n'_d = i'n_w = (i'_1 i'_2 i'_3 \cdots i'_n) n_w(\text{r/min}) \tag{2.5}$$

式中　$i'_1,i'_2,i'_3,\cdots,i'_n$——各级传动的合理传动比范围。

电动机常用的同步转速有 3 000、1 500、1 000、750 r/min 等几种。对于 Y 系列电动机,通常选用 1 500 r/min 和 1 000 r/min 的电动机,而装置设计计算时,应按电动机的满载转速计算。

根据选定的电动机类型、结构型式、功率和转速,由机械设计手册可查出电动机的型号,并列出其型号、额定功率、满载转速、外形尺寸、中心高、轴伸尺寸、键连接尺寸、安装尺寸等参数备用。

2.2　传动链与传动装置的设计

2.2.1　传动路线的选择

根据功率传递,即能量流动的路线,传动系统中传动路线大致可以分为以下几类。

1.串联式单路传动

串联式单路传动路线如图 2.1 所示。当系统中只有一个执行机构和一个原动机时,采用这种传动路线较为适宜。它可以是单级传动($n=1$),也可以是多级传动($n>1$)。由于全部能量流过每一个传动机构,故所选的传动机构必须具有较高的效率,以保证传动系统具有较高的总效率。

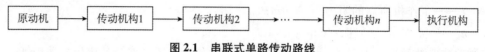

图 2.1   串联式单路传动路线

2.并联式分路传动

并联式分路传动路线如图 2.2 所示。当系统含有多个执行机构,而各执行机构所需的功率之和并不是很大时,可采用这种传动路线。为了使传动路线具有较高的总效率,在传递功率最大的那条路线上,应注意选择效率较高的传动机构。

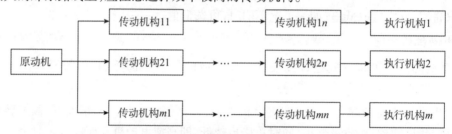

图 2.2   并联式分路传动路线

例如,牛头刨床中采用的就是这种传动路线,它是由一个电动机同时驱动工作台横向送进机构和刨刀做纵向往复移动。

3.并联式多路联合传动

并联式多路联合传动路线如图 2.3 所示。当系统中只有一个执行机构,但需要多个低速运动且每个低速运动传递的功率都很大时,宜采用这种传动路线。多个原动机共同驱动反而有利于减小整个传动系统的体积、转动惯量和质量。远洋船舶、轧钢机、球磨机中常采用这种传动路线。

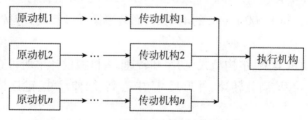

图 2.3   并联式多路联合传动路线

4.混合式传动

混合式传动路线如图 2.4 所示。

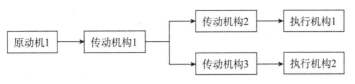

图 2.4 混合式传动路线

蜂窝煤成型机的主传动系统采用的就是这种传动路线,如图 2.5 所示。

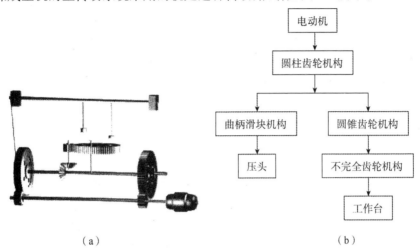

（a）　　　　　　　　　　　　　（b）

图 2.5 蜂窝煤成型机主传动系统的传动路线

2.2.2 传动装置的选择

传动装置将原动机输出的运动和动力,以一定的转速、转矩或推力传递给执行机构。在选择传动方式时,应充分了解各类传动的特性,从而选择符合设计要求的具体传动。

在拟订传动方案时,多数需要安排多级传动,要合理布置其传动顺序,应注意以下几点。

（1）摩擦传动(如带传动、圆柱摩擦轮传动等)的承载能力较低,在传递相同的转矩时,其结构尺寸较大,但其工作平稳性好,具有减振缓冲作用,因此宜布置在高速级。

（2）链传动具有固有的运转不均匀特性,冲击较大,宜布置在低速级。

（3）考虑到大尺寸、大模数的圆锥齿轮加工比较困难,一般只在要求改变轴的布置位置时采用,应尽量布置在高速级,但如果圆周速度过大,则需提高制造精度,增加成本。

（4）斜齿传动的工作平稳性比直齿传动好,适合布置在高速级。开式齿轮传动的工作环境较差,润滑条件差,易于磨损,适合布置在低速级。

（5）蜗杆传动能实现较大的传动比,结构紧凑,但效率低,常用于大传动比和传递中小功率的场合,其承载能力比齿轮传动差,宜布置在高速级,应注意润滑,以获得较小的结构尺寸,同时有利于提高承载能力和传动效率。

（6）NGW(2K-H)型和 N(K—H—V)型内啮合行星传动,其承载能力高,结构尺寸小,传动效率高,传动比大,因此适合布置在低速级。

总之,传动装置的选择应考虑整机总体布置、技术性能要求、制造和装配条件、原材料供应情况、工作环境状况、维修和维护等因素,综合分析比较进行确定。表 2.1 列出了常用减速器的类型、特点及应用。

表 2.1　常用减速器的类型、特点及应用

类型		传动简图	传动比范围		特点及应用
			一般	最大	
一级圆柱齿轮减速器			≤5	10	齿轮轮齿一般做成直齿、斜齿和人字齿。直齿用于速度较低($v \leqslant 8$ m/s)或载荷较小的传动;斜齿用于速度较高的传动,人字齿用于载荷较大的传动。传动效率高,结构工艺简单,加工制造方便,应用广泛
二级圆柱齿轮减速器	展开式		8~40	60	结构简单,但齿轮相对于轴承的位置不对称,轴应具有较大的刚度。高速级齿轮布置在远离转矩输入端,使得轴在转矩作用下产生的扭转变形和在弯矩作用下产生的弯曲变形可部分地互相抵消,以减缓沿齿宽载荷分布不均匀的现象。用于载荷较平稳的场合
	分流式		8~40	60	齿轮相对于轴承对称布置,载荷沿齿宽分布均匀,轴承承载较均匀;中间轴危险截面上的转矩相当于轴所传递转矩的一半;但结构复杂,适用于变载荷、功率较大的场合
	同轴式		8~40	60	横向尺寸较小,两级大齿轮直径接近,利于浸油润滑;但轴向尺寸大和质量较大,中间轴较长、刚度差,使沿齿宽载荷分布不均匀,且轴承润滑较难
一级圆锥齿轮减速器			≤3	5	轮齿可做成直齿、斜齿或曲线齿。用于两轴垂直相交或垂直相错的传动中。制造安装较为复杂、成本高

续表

类型		传动简图	传动比范围		特点及应用
			一般	最大	
二级圆锥-圆柱齿轮减速器			8~15	40	特点同单级圆锥齿轮减速器。圆锥齿轮应布置在高速级,以避免圆锥齿轮尺寸过大而导致加工困难
一级蜗杆减速器	蜗杆下置式		10~40	80	啮合处的冷却和润滑效果较好,便于蜗杆轴承润滑,但当蜗杆圆周速度高时,功率损失大,适用于蜗杆圆周速度为4~5 m/s<v<10 m/s 的场合
	蜗杆上置式		10~40	80	蜗杆的圆周速度可高些,但蜗杆轴承润滑比较困难,需要采取一定的措施,适用于蜗杆圆周速度 v>4~5 m/s 的场合
	蜗杆立轴式		10~40	80	蜗杆在蜗轮侧面,蜗杆轴垂直布置,密封要求高,一般用于水平旋转机构的传动
齿轮-蜗杆减速器	齿轮传动布置在高速级		60~90	240	齿轮传动布置在高速级,整体结构紧凑
	蜗杆传动布置在高速级		60~90	400	蜗杆传动布置在高速级,传动效率高

续表

类型	传动简图	传动比范围		特点及应用
		一般	最大	
行星齿轮减速器	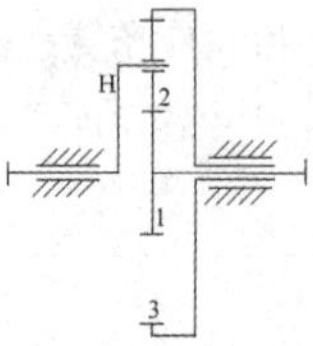 1,3—太阳轮;2—行星轮; H—系杆	3~9	20	其与普通圆柱齿轮减速器相比,尺寸小、质量小,但制造精度要求较高,结构较复杂,在要求结构紧凑的动力传动中应用广泛

2.3 总传动比的确定及分配

根据拟订的传动方案,传动装置的总传动比 i 应为原动机的输出(满载)转速 n_m 与执行机构的输入转速 n_w 的比值,即

$$i = \frac{n_m}{n_w} \tag{2.6}$$

式中　n_m——电动机的输出(满载)转速,r/min;

　　　n_w——执行机构的输入转速,r/min。

在多级传动中,传动装置的总传动比应为各级传动比的连乘积,即

$$i = i_1 i_2 i_3 \cdots i_n \tag{2.7}$$

式中　$i_1, i_2, i_3, \cdots, i_n$——各级传动的传动比。

传动装置各级传动比的分配对传动系统的外廓尺寸、质量、润滑等均有影响,因此需要对其进行合理分配,传动比分配主要应考虑以下几点。

(1)各级传动的传动比,均应在其合理的范围内取值。

(2)当齿轮传动链的传动比较大时,需采用多级齿轮传动。一级圆柱齿轮减速器的传动比一般小于或等于5,二级圆柱齿轮减速器的传动比一般为8~40。在图2.6中,某个减速器的传动比为8,则无论在外形上还是在质量上,图2.6(b)所示的两级齿轮减速器都比图2.6(a)所示的单级齿轮减速器要小得多。

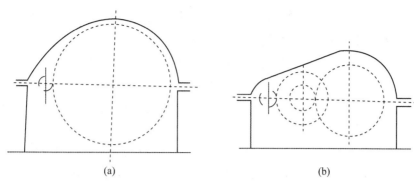

图 2.6 传动比分配对外轮廓尺寸的影响

(3)当各中间轴有较高转速和较小扭矩时,轴及轴上的零件可取较小的尺寸,从而使整个结构较为紧凑。分配各级传动比时,若传动链为升速传动,则应在开始几级就增速,增速比逐渐减小;若传动链为降速传动,则按传动比逐渐增大的原则分配为好,且相邻两级传动比的差值不要太大。

(4)当要求降速齿轮传动链的质量尽可能小时,可按下述原则分配传动比。

① 对于小功率装置,若设各主动小齿轮的材料和齿宽均相同,轴与轴承的转动惯量、效率均不计,则可选各小齿轮的模数、齿数相同,且各级传动比也相同。

② 对于大功率装置,为保证总质量最小,各级传动比应按"前大后小"逐渐减小的原则选取。

(5)对于要求传动平稳、频繁启停和动态性能较好的多级齿轮传动,可按转动惯量最小的原则设计。

(6)对于以提高传动精度、减小回程误差为主的降速齿轮传动链,从输入端到输出端的各级传动比应按"前小后大"的原则选取,且最末两级传动比应尽可能大,同时应提高齿轮的制造精度,以减小对输出轴运动精度的影响。

(7)对于负载变化的齿轮传动装置,各级传动比应尽可能采用不可约的分数,以避免同时啮合。此外,相啮合的两个轮的齿数最好为质数。

(8)对于传动比很大的传动链,应考虑将周转轮系与定轴轮系或其他类型的传动结合使用。

(9)在考虑传动比分配时,应使各传动件之间、传动件与机架之间不要干涉。

(10)设计减速器时应考虑润滑问题,为使各级传动中的大齿轮都能浸入油池且深度大致相同,各级大齿轮直径应接近,高速级传动比应大于低速级传动比。

以上几点仅是传动比分配的基本原则,而且这些原则往往不能同时满足,着眼点不同,分配方案也会不同。因此,具体设计时,应根据传动系统的不同要求进行具体分析,并尽可能做多方案比较,以获得较为合理的分配方案。

具体分配时应注意以下几点。

(1)选取每一级的传动比时,其值应在推荐范围内,不要超过所允许的最大值。

(2)分配传动比应注意使各传动件的尺寸协调、结构合理,避免各零件相互干涉,以便于安装。在二级圆柱齿轮传动中,如果高速级传动比过大,可能致使高速级大齿轮与低速轴发生干涉,无法安装。在带传动减速器传动中,如果带传动的传动比过大(通常小于齿轮传动的传动比),可能会使大带轮的半径超过齿轮传动装置输入轴的中心高,不便于安装。

(3)当一级传动的传动比大时,应分成多级传动,以减小结构尺寸和改善传动性能。

(4)在多级传动中,相邻两级传动比的差值不要太大。可使输入轴与输出轴之间的各中间轴获得较高的转速和较小的转矩,轴和轴上的传动零件从而获得较小的尺寸,使所设计的传动系统外廓尺寸较小。

(5)在二级齿轮减速器设计中,应使各级大齿轮直径相近,一般高速级传动比略大于低速级,这样使各级齿轮同时得到充分润滑,且均在合理的浸油深度范围内。

一般推荐:

展开式二级圆柱齿轮减速器	$i_1 \approx (1.3 \sim 1.5) i_2$
同轴式二级圆柱齿轮减速器	$i_1 \approx i_2$
圆锥-圆柱齿轮减速器	$i_1 \approx 0.25 i_{总}$
蜗杆-齿轮减速器	$i_2 \approx (0.03 \sim 0.06) i_{总}$
二级蜗杆减速器	$i_1 \approx i_2$

其中,i_1 为高速级传动比,i_2 为低速级传动比。

传动装置的实际传动比要由选定的齿数和标准带轮直径准确计算,因此与要求的传动比可能有误差,一般允许工作及实际转速与要求转速的相对误差为 $\pm (3\% \sim 5\%)$。

1.传动装置的运动和动力参数计算

传动装置的运动和动力参数主要是指轴的转速、功率和转矩,它是进行传动零部件设计计算的重要依据。现以图 2.7 所示的双级圆柱齿轮减速器为例,说明机械传动系统中各轴的转速、功率及转矩的计算。

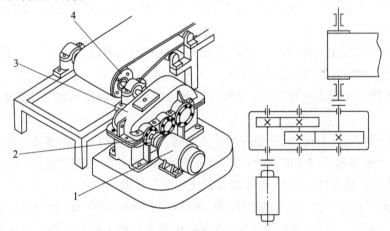

图 2.7　双级圆柱齿轮减速器简图

1—电动机;2—联轴器;3—减速器;4—工作机

1)各轴的转速 $n(\text{r/min})$

电动机轴 I 的转速

$$n_{\text{I}} = n_{\text{m}} \tag{2.8}$$

高速轴Ⅱ的转速

$$n_{\text{Ⅱ}} = \frac{n_{\text{Ⅰ}}}{i_a}$$ (2.9)

中间轴Ⅲ的转速

$$n_{\text{Ⅲ}} = \frac{n_{\text{Ⅱ}}}{i_{\text{高}}} = \frac{n_{\text{m}}}{i_a i_{\text{高}}}$$ (2.10)

低速轴Ⅳ的转速

$$n_{\text{Ⅳ}} = \frac{n_{\text{Ⅲ}}}{i_{\text{低}}} = \frac{n_{\text{m}}}{i_a i_{\text{高}} i_{\text{低}}}$$ (2.11)

工作机轴Ⅴ的转速

$$n_{\text{Ⅴ}} = n_{\text{Ⅳ}}$$ (2.12)

式中 n_{m}——电动机的满载转速,r/min;

i_a——电动机轴Ⅰ至高速轴Ⅱ之间的传动比;

$i_{\text{高}}$——高速级的传动比;

$i_{\text{低}}$——低速级传动比。

2)各轴的输入功率 $P(\text{kW})$

电动机轴Ⅰ的功率

$$P_{\text{Ⅰ}} = P_{\text{d}}$$ (2.13)

高速轴Ⅱ的功率

$$P_{\text{Ⅱ}} = P_{\text{Ⅰ}}\eta_a = P_a \eta_a$$ (2.14)

中间轴Ⅲ的功率

$$P_{\text{Ⅲ}} = P_{\text{Ⅱ}}\eta_{\text{高}} = P_{\text{d}}\eta_a\eta_{\text{高}}$$ (2.15)

低速轴Ⅳ的功率

$$P_{\text{Ⅳ}} = P_{\text{Ⅱ}}\eta_{\text{高}} = P_{\text{d}}\eta_a\eta_{\text{高}}\eta_{\text{低}}$$ (2.16)

工作机轴Ⅴ的功率

$$P_{\text{Ⅴ}} = P_{\text{Ⅳ}}\eta_{\text{b}} = P_{\text{d}}\eta_a\eta_{\text{高}}\eta_{\text{低}}\eta_{\text{b}}$$ (2.17)

式中 P_{d}——工作机所需电动机的实际输出功率;

η_a——电动机轴至高速轴之间的传动效率;

$\eta_{\text{高}}$——高速级齿轮的传动效率,包括齿轮啮合效率和轴承效率;

$\eta_{\text{低}}$——低速级齿轮的传动效率,包括齿轮啮合效率和轴承效率;

η_{b}——低速轴至工作机轴之间的传动效率。

3)各轴的输入转矩 $T(\text{N·m})$

电动机轴Ⅰ的功率

$$T_{\text{Ⅰ}} = T_{\text{d}}$$ (2.18)

高速轴Ⅱ的转矩

$$T_{\text{Ⅱ}} = T_{\text{Ⅰ}} i_a \eta_a = T_{\text{d}} i_a \eta_a$$ (2.19)

中间轴Ⅲ的转矩

$$T_{\text{Ⅲ}} = T_{\text{Ⅱ}} i_{\text{高}} \eta_{\text{高}} = T_d i_a i_{\text{高}} \eta_a \eta_{\text{高}} \tag{2.20}$$

低速轴Ⅳ的转矩

$$T_{\text{Ⅳ}} = T_{\text{Ⅲ}} \eta_{\text{低}} = T_d i_a i_{\text{高}} i_{\text{低}} \eta_a \eta_{\text{高}} \eta_{\text{低}} \tag{2.21}$$

工作机轴Ⅴ的转矩

$$T_{\text{Ⅴ}} = T_{\text{Ⅳ}} \eta_b = T_d i_a i_{\text{高}} i_{\text{低}} \eta_a \eta_{\text{高}} \eta_{\text{低}} \eta_b \tag{2.22}$$

式中　T_d——电动机轴的输出转矩,N·m,即 $T_d = 9\,550 \dfrac{P_d}{n_m}$;

$T_{\text{Ⅰ}}$、$T_{\text{Ⅱ}}$、$T_{\text{Ⅲ}}$、$T_{\text{Ⅳ}}$、$T_{\text{Ⅴ}}$——Ⅰ、Ⅱ、Ⅲ、Ⅳ、Ⅴ轴的输入转矩,N·m。

常用机械传动的主要性能如表 2.2 所示。

表 2.2　常用机械传动的主要性能

传动类型		单级传动比 i		功率 P/kW		效率 η	速度 v/(m·s^{-1})	寿命
		常用值	最大值	常用值	最大值			
摩擦轮传动		≤7	15	≤20	200	0.85~0.92	一般≤25	取决于接触强度和耐磨损性
带传动	平带	≤3	5	≤20	3 500	0.94~0.98	一般≤25,最大 120	一般 V 带为 3 000~5 000 h,优质 V 带为 20 000 h
	V 带	≤8	15	≤40	4 000	0.92~0.97	一般≤25~30,最大 40	
	同步带	≤10	20	≤10	400	0.96~0.98	一般≤50,最大 40	
链传动		≤15	15（齿形链）	≤100	4 000	闭式 0.95~0.98;开式 0.90~0.93	一般≤20,最大 40	链条寿命为 5 000~15 000 h
齿轮传动	圆柱齿轮	≤5	10		50 000	闭式 0.96~0.99;开式 0.94~0.96	与精度等级有关,7 级精度,直齿≤20,斜齿≤25	润滑良好时,寿命可达数十年,经常换挡的变速齿轮平均寿命为 10 000~20 000 h
	锥齿轮	≤3	8		1 000	闭式 0.94~0.98;开式 0.92~0.95	与精度等级有关,7 级精度,直齿≤8	

续表

传动类型	单级传动比 i		功率 P/kW		效率 η	速度 $v/(m \cdot s^{-1})$	寿命
	常用值	最大值	常用值	最大值			
蜗杆传动	≤40	80	≤50	800	闭式 0.7~0.92；开式 0.5~0.7；自锁式 0.3~0.45	一般≤15，最大为35	精度较高,润滑条件好时寿命较长
螺旋传动			小功率传动		滑动 0.3~0.6 滚动≥0.9	低速	滑动螺旋磨损较快,滚动螺旋寿命较长

2.传动零部件设计应注意的问题

根据上述求得的各轴运动和动力参数,以及《机械设计》教材中的有关内容,即可完成传动零部件的设计计算,故对其不再叙述。下面是传动零部件设计计算中应注意的几个问题。

（1）在带传动设计时,应注意检查带轮尺寸与传动装置尺寸的相互协调。例如小带轮直径与电动机中心高是否相称,其轴孔直径与电动机轴径是否一致,大带轮是否过大导致与机架相碰等。

（2）在设计链传动时,链轮外廓尺寸及轴孔尺寸有着与带传动相同的限制,当采用单排链使传动尺寸过大时,应改为双排链或多排链。小链轮齿数 z_1 不宜过少,大链轮齿数 z_2 不宜过多,一般 $z_1 \geq 17, z_2 \leq 120$。链条节数尽量取偶数,并与链轮齿数互质。应记录选定的润滑方式和润滑剂牌号以备查。

（3）在齿轮设计计算时,应注意齿轮传动的尺寸、参数,还有些应取标准值,有些则应圆整,有些必须求出精确值。例如模数应取标准值,中心距、齿宽和其他结构尺寸应尽量圆整,而啮合参数和尺寸（螺旋角、分度圆等）则必须求出精确值。一般尺寸应精确到小数点后 2~3 位,螺旋角应精确到秒。

（4）在设计蜗杆传动时,其中心距应尽量圆整。为保证其几何参数关系,有时需要改变蜗杆和蜗轮之间的位置。蜗杆位置是在蜗轮上面还是下面,应由蜗杆分度圆的圆周速度来决定,一般 $v < 4$ m/s 时蜗杆在下面。

2.4　机械传动系统方案设计实例

2.4.1　蜂窝煤成型机传动系统的设计

图 2.8 所示为初步拟订的蜂窝煤成型机传动系统的设计方案示意图,其传动路线如图 2.9所示。从图 2.9 中可知,主传动链从电动机到分配轴Ⅲ轴［见图 2.8(a)］,然后分 3 路

传动:第1路为主运动链,固结于Ⅲ轴上的齿轮7,既是主传动链的从动齿轮,又是主运动链上的原动件曲柄。考虑到载荷较大,采用了两套曲柄滑块机构作为执行机构——压煤机构,滑块(滑架)9上固结了主压头9′和推煤压头9″。第2路为辅助运动链1通过传动比为1的圆锥齿轮机构(10、11)带动不完全齿轮机构12,齿轮12转动1周,通过齿轮13带动工作台14转动1个工位,正好对应于主压头9′的1次下压,9′在工作台14的型腔中压制出1块蜂窝煤,同时推煤压头9″将另一型腔中的1块成品煤推至输送带19上(见图2.8(b)),随后工作台14转位,再停歇做间歇运动。第3路是辅助运动链2通过圆柱齿轮机构(15、16)带动Ⅳ轴,在经过圆锥齿轮机构(17~20)带动搅拌器,将搅拌的料送入工作台14的型腔(见图2.8(d)),固结于Ⅳ轴的带轮18带动输送带19运送成品。

有了以上初步方案即可分配传动系统的传动比。

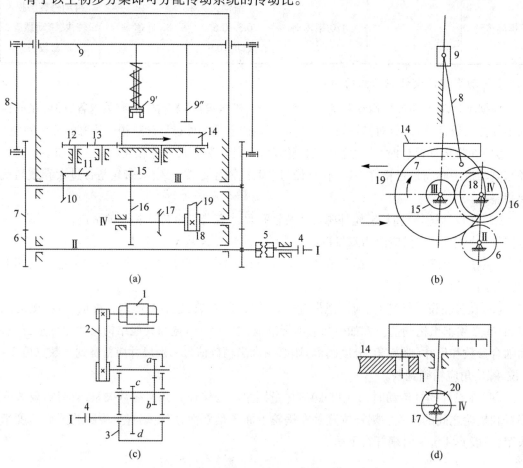

图2.8 蜂窝煤成型机传动系统的设计方案示意图

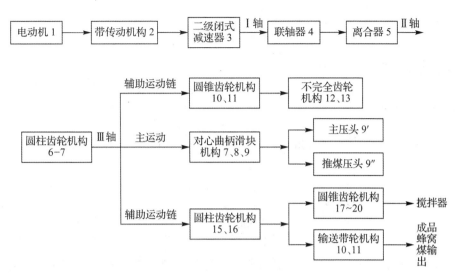

图2.9 蜂窝煤成型机的传动路线

若初步确定每1.5 s压1块煤,即预定的工作台每次转位的周期和滑架9的工作周期均为 $T_{预}=1.5$ s,则分配轴Ⅲ的转速为

$$n_{预Ⅲ} = \frac{60}{T_{预}} = \frac{60}{1.5} = 40(\text{r/min})$$

若选取的电动机额定转速为2 900 r/min,则预定的总传动比为

$$i_{预总} = \frac{n_1}{n_{预Ⅲ}} = \frac{2\ 900}{40} = 72.5$$

主传动链中包括三级减速机构,第1级为V形带传动机构,第2级为减速器,第3级为圆柱齿轮机构。因压制机除工作时有冲击载荷外,对传动链的功率、质量、频繁启停或动态性能、精度等方面并无其他特殊要求,故传动比的分配可只按分配原则中的第(1)、(2)、(3)、(7)、(10)项进行。根据分配原则第(3)项,为使传动机构获得较小的尺寸,整个机构结构紧凑,减速传动链的传动比应逐级增大,相邻两级之差不要太大,因此,若初选传动比为 $i_1=2.5$,$i_2=8$(二级减速器,每级平均传动比2.8),$i_3=3.6$,则总传动比为

$$i_1 i_2 i_3 = 2.5 \times 8 \times 3.6 = 72$$

且各级传动比均未超过各类机构的最高传动比,符合分配原则第(1)项;根据分配原则第(2)项,为减小减速器的外形和质量,传动比大于和等于8的定轴齿轮传动应分为两级;又考虑到蜂窝煤压制机的工作环境较差,采用了闭式减速器;根据分配原则第(10)项,考虑到闭式减速器的润滑,高速级的传动比应大于低速级的传动比;同时根据分配原则第(7)项,负载变化的齿轮传动装置的各级传动比应尽可能采用不可约的比数,且相啮合的两齿轮齿数取为质数。根据以上各原则,选择各齿轮的齿数为

$$z_a = 17, z_b = 57, z_c = 21, z_d = 51, z_6 = 18, z_7 = 65$$

则各级的实际传动比为

$$i_1 = 2.5$$

$$i_2 = \frac{z_b}{z_a} \frac{z_d}{z_c} = 8.14$$

$$i_3 = \frac{z_7}{z_6} = 3.61$$

实际总传动比为

$$i_{\text{总}} = i_1 i_2 i_3 = 2.5 \times 8.14 \times 3.61 = 73.46$$

校核传动比误差

$$\Delta i = \left| \frac{i_{\text{总}} - i_{\text{预总}}}{i_{\text{预总}}} \right| \times 100\% = \left| \frac{73.46 - 72.5}{72.5} \right| \times 100\% = 1.3\% < 5\%$$

符合要求。

故分配轴Ⅲ的实际转速为

$$n_{\text{Ⅲ}} = \frac{n_1}{i_{\text{总}}} = \frac{2\,900}{73.46} = 39.48\,(\text{r/min})$$

接下来进行辅助传动链 2 的传送比计算。若按蜂窝煤的最大直径为 120 mm,两块煤的间距为 30 mm,则初定输送带 19 的带速为

$$v_{\text{预带}} = \frac{\dfrac{120 + 30}{60}}{39.48} = 0.098\,7\,(\text{m/s})$$

若取带轮 18 的直径 $d = 100$ mm,则预定Ⅳ轴转速为

$$n_{\text{预Ⅳ}} = \frac{v_{\text{预带}}}{\dfrac{\pi d}{1\,000 \times 60}} = \frac{0.098\,7 \times 1\,000 \times 60}{\pi \times 100} = 18.85\,(\text{r/min})$$

则传动比为

$$i_{\text{预4}} = \frac{n_{\text{Ⅲ}}}{n_{\text{预Ⅳ}}} = \frac{39.48}{18.85} = 2.094$$

若预定两齿轮齿数为 $z_{15} = 19$, $z_{16} = 39$,则实际传动比为

$$i_4 = \frac{z_{16}}{z_{15}} = 2.053$$

传动比误差为

$$\Delta i = \left| \frac{i_4 - i_{\text{预4}}}{i_{\text{预4}}} \right| \times 100\% = \left| \frac{2.053 - 2.094}{2.094} \right| \times 100\% = 1.96\% < 5\%$$

故符合要求。

故Ⅳ轴实际转速为

$$n_{\text{Ⅳ}} = \frac{n_{\text{Ⅲ}}}{i_4} = 39.48/2.053 = 19.23\,(\text{r/min})$$

实际带速为

$$v_{\text{带}} = n_{\text{Ⅳ}} \times \frac{\pi d}{1\,000 \times 60} = 19.23 \times \frac{\pi \times 100}{1\,000 \times 60} = 0.100\,7\,(\text{m/s})$$

至此,蜂窝煤成型机传送系统的传动比和各轴转速均已确定,但拟订的传动方案还需要经过结构设计等做进一步的调整和修改。

2.4.2　颚式破碎机的设计

颚式破碎机是一种用来破碎矿石的机械,如图 2.10 所示。机器经带传动(图中未画)使曲柄 2 顺时针方向回转,然后通过构件 3、4、5 使动颚板 6 做往复摆动。当动颚板 6 向左摆向固定于机架 1 上的定颚板 7 时,矿石即被轧碎;当动颚板 6 向右摆离定颚板 7 时,被轧碎的矿石即落下。由于机器在工作过程中载荷变化很大,将影响曲柄和电动机的匀速转动。为了减少主轴速度的波动和电动机的容量,在曲柄轴 O_2 的两端各装一个大小和重量完全相同的飞轮,其中一个兼作带轮用。

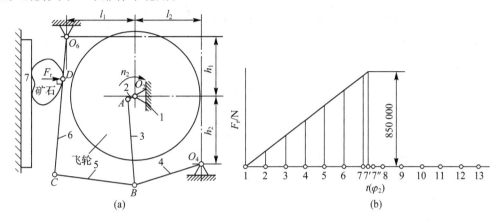

图 2.10　颚式破碎机的机构简图及阻力曲线图

1—机架;2—曲柄;3、4、5—构件;6—动颚板;7—定颚板

铰链式颚式破碎机的运动循环图如图 2.11 所示,电动机通过减速器带动曲柄转动,当曲柄转动到最上方时,动颚板运动到最左边的极限位置;当曲柄转动到最下方时,动颚板运动到最右边的极限位置,该机构的极位夹角 $\theta = 0°$,行程速比系数 $K = 1$,所以应该在颚板处于回程时进行送料。

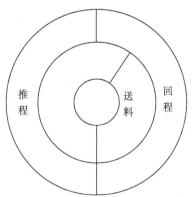

图 2.11　铰链式颚式破碎机的运动循环图

1.设计数据

经过适当修改确定的尺寸参数如表 2.3 所示。

表 2.3 确定的尺寸参数

符号	n_2	l_{O_2A}	l_1	l_2	h_1	h_2	l_{AB}	l_{O_4B}	l_{BC}	l_{O_6C}
单位	r/min	mm								
数据	170	100	1 000	940	850	1 000	1 250	1 000	1 280	1 850

导杆机构的动态静力参数									飞轮转动惯量	
符号	L_{O_6D}	G_3	J_{S_3}	G_4	J_{S_4}	G_5	J_{S_5}	G_6	J_{S_6}	δ
单位	mm	N	kg·m²	N	kg·m²	N	kg·m²	N	kg·m²	
数据	600	5 000	25.5	2 000	9	2 226	9	8 495	50	0.15

2.电动机的选择

破碎机破碎物料的功耗与转速、排料口尺寸、规格尺寸、噬角大小及物料的物理机械性质和粒度特性有关。破碎机的转速越高,机械尺寸越大,功率消耗就越大;破碎比越大,功率消耗也越大。计算时,可使用公式

$$P = 18LHrn$$

式中 L——破碎腔长度, $L = 0.5$ m;

H——定颚高度, $H = 0.7$ m;

r——主轴偏心距, $r = 0.1$ m;

n——主轴转速, $n = 170$ r/min。

代入数据得

$$P = 107.1 \text{ kW}$$

因此可以选择 Y315L2-6 电动机,额定功率为 132 kW,转速为 990 r/min,飞轮力矩为 61.2 N·m,因此需要减速器减速。

3.减速器的设计

如图 2.12 所示, $z_1 = 17$, $z_2 = 23$, $z_3 = 63$, $z_4 = 21$, $z_5 = 33$。该减速器的传动比为

$$i_{15} = \frac{z_2 z_3 z_5}{z_1 z_2 z_4}$$

代入数据得

$$i_{15} = \frac{99}{17}$$

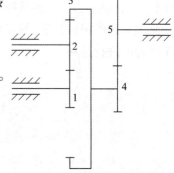

图 2.12 减速器机构运动简图

齿轮 1 连接电动机,电动机的转速为 990 r/min,经过减速器减速后,齿轮 5 的转速为 170 r/min,齿轮 5 连接颚式破碎机的曲柄。

2.4.3 平板搓丝机的设计

图 2.13 所示为平板搓丝机的结构示意图,该机器用于搓制螺纹。电动机 1 通过 V 带传动、齿轮传动 3 减速后,驱动曲柄 4 转动,通过连杆 5 驱动下搓丝板(滑块)6 往复运动,与固

定上搓丝板 7 一起完成搓制螺纹功能。滑块往复运动一次,加工一个工件。送料机构(图中未画)将置于料斗中的待加工棒料 8 推入上、下搓丝板之间。

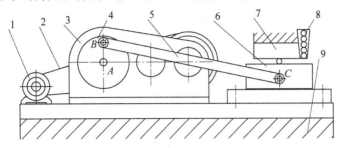

图 2.13 平板搓丝机的结构示意图

1—电动机;2—带传动;3—齿轮传动;4—驱动曲柄;5—连杆;6—下搓丝板;7—上搓丝板;8—待加工棒料;9—工作台

平板搓丝机的设计数据如表 2.4 所示。

表 2.4 平板搓丝机的设计数据

最大加工直径/mm	最大加工长度/mm	滑块行程/mm	搓丝动力/kN	生产率/(件·min^{-1})
10	180	320~340	9	32

该机器室内工作,故要求振动、噪声小,动力源为三相交流电动机,电动机单向运转,载荷较平稳。工作期限为 10 a,每年工作 300 d,每日工作 8 h,故为长时间工作制。

1.执行机构的运动设计

执行机构为曲柄滑块机构,其运动简图如图 2.14所示。曲柄 AB 长度为 150 mm,做主动件匀速转动,连杆 BC 长度为 400 mm,偏距 e = 150 mm,在工作行程中曲柄销 B 旋转带动滑块 C 做往复运动。滑块在空行程和工作行程的平均速度不等,空行程快一点以便提高功效。

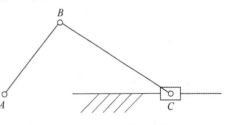

图 2.14 执行机构的运动简图

经验证:滑块行程 H = 329 mm 符合要求。

2.原动机的类型及其运动参数的选择

电动机及减速装置示意图如图 2.15 所示。

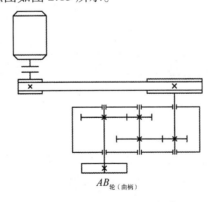

$AB_{轮(曲柄)}$

图 2.15 电动机及减速装置示意图

1)曲柄转速及其所需的驱动力矩

AB 飞轮(曲柄)的角速度为

$$\omega_{AB} = \frac{2\pi n}{60} = 3.35(\text{rad/s})$$

B 点的速度计算为

$$l_{AB} = a = 150(\text{mm})$$

$$v_B = \omega_{AB}l_{AB} = 3.35 \times 150 \times 10^{-3} = 0.502\,5(\text{m/s})$$

曲柄的功率为

$$P_曲 = Fv_B = 4.522\,5(\text{kW})$$

曲柄所需的驱动力矩为

$$T_曲 = \frac{P_曲}{\omega_{AB}} = \frac{4.522\,5}{3.35} = 1.35(\text{kN} \cdot \text{m}),\ 或\ T_曲 = 9\,549 \times \frac{P_曲}{n_{AB}} = 1.35(\text{kN} \cdot \text{m})$$

取齿轮传动效率为 0.97,V 带传动效率为 0.96,轴承传动效率为 0.98,转动副传动效率为 0.95,移动副传动效率为 0.9,则有

$$P_d = \frac{P_曲}{0.96 \times 0.97^2 \times 0.98^3 \times 0.95^2 \times 0.9} = 6.55(\text{kW})$$

2)传动比的范围

V 带:$i_1 = 2 \sim 7$。

减速器:$i_2 = 10 \sim 40$。

总传动比:$i_总 = i_1 i_2 = 20 \sim 280$。

3)电动机的选择

初选 3 个型号,电动机的型号及其参数如表 2.5 所示。

表 2.5　电动机的型号及其参数

型号	噪声/dB	满载转速/ ($\text{r} \cdot \text{min}^{-1}$)	工作效率	缺点
Y132S2-2	78~83	2 900	0.85	噪声大
Y132M-4	71~78	1 440	0.87	
Y160M-6	69~75	970	0.86	体积大,价格较贵

由表 2.5 可知,电动机应选型号为 Y132M—4,同步转速为 1 000 r/min,满载转速为 1 440 r/min,工作效率为 0.87。

各轴的输入功率:

$$P_1 = P_d \times \eta_带 \times \eta_轴 = 6.55 \times 0.96 \times 0.98 = 6.162(\text{kW})$$

$$P_2 = P_1 \times \eta_轴 \times \eta_齿 = 6.162 \times 0.98 \times 0.97 = 5.858(\text{kW})$$

$$P_3 = P_2 \times \eta_轴 \times \eta_齿 = 5.858 \times 0.98 \times 0.97 = 5.569(\text{kW})$$

各轴的输出转矩：

$$T_0 = \frac{9\,550 \times P_d}{n_m} = \frac{9\,550 \times 6.55}{n_m} = 43.43\,(\text{N} \cdot \text{m})$$

$$T_1 = \frac{9\,550 \times P_1}{n_m} = \frac{9\,550 \times 6.162}{n_m} = 122.59\,(\text{N} \cdot \text{m})$$

$$T_2 = \frac{9\,550 \times P_2}{n_m} = \frac{9\,550 \times 5.858}{n_m} = 451.00\,(\text{N} \cdot \text{m})$$

$$T_3 = \frac{9\,550 \times P_3}{n_m} = \frac{9\,550 \times 5.569}{n_m} = 1\,661.824\,(\text{N} \cdot \text{m})$$

将各轴参数列于表 2.6 中。

表 2.6　各轴参数

轴承	输入功率/kW	输出转矩/(N·m)	转速/(r·min⁻¹)	传动比
电机轴	6.55	43.43	1 440	
高速轴	6.162	122.59	480	3
中间轴	5.858	451.00	124.03	3.87
低速轴	5.569	1 661.824	32	3.87

4）初定传动比

减速器采用双级圆柱齿轮减速器。

AB 轮的转速为 $n = 32$ r/min。总传动电动机的转速为 $n = 1\,440$ r/min。总传动比为

$$i = \frac{1\,440}{32} = 45$$

初定传动比为

$$\text{V 带}：i_带 = i_1 = 3 \qquad i_带 = \frac{n_电}{n_0} = 3 \qquad n_0 = 480\,(\text{r/min})$$

$$减速器：i_2 = \frac{i_总}{i_1} = 15 \qquad n_m = n_1 = 480\,(\text{r/min})$$

由 $i_{12} = i_{23} = \sqrt{15} \approx 3.873$，$i_{12} = \frac{n_1}{n_2}$，可得 $n_2 = 123.93$ r/min。

由 $i_{23} = \frac{n_2}{n_3} = 3.873$，同理可得 $n_3 = 32$ r/min。

满足设计条件。

为方便安装和修理，不妨令各齿轮模数相等，即 $m = 4$，则各齿轮齿数按传动比顺序可设置为 $z_1 = 21, z_2 = 80, z_{2'} = 21, z_3 = 80$。

第3章
执行机构运动协调设计

3.1 机构设计概述

由于每一台机器都是根据生产需要而设计的,所以它必须具有满足生产需要的功能,以及能实现此功能的相应的工艺动作。为了实现生产过程的机械化、自动化或者某种动作的功能,必须按照这些动作和功能要求,设计或开发出相应的一系列机构。机构是具有确定相对运动的构件的组合,组成机构的目的是使机构按照预定的要求进行有规律的运动。要设计出满足要求的机构,就需要先进行执行机构的运动规律设计和运动协调设计,最终画出运动循环图。当各机构按运动循环图确定的相位关系安装以后,应做适当的调整,故在机构之间还需设置能调整相位的环节(也可能是机构)。

3.2 执行机构运动规律设计

所谓运动规律设计,就是根据工作原理所提出的工艺要求构思出能够实现该工艺要求的各种运动规律,然后从中选取最为简单、适用、可靠的运动规律作为机械的运动方案。实现一个复杂的工艺过程,往往需要多种工艺动作,而任何复杂的动作总是由一些最基本的运动合成的。因此,运动规律设计通常是对工作原理所提出的工艺动作进行分析,把其分解成若干个基本动作,工艺动作分解的方法不同,所得到的运动规律也各不相同,那么所形成的运动方案也就不相同。

工艺动作分解和运动方案选择实例。

1.采用范成原理加工齿轮

齿轮加工的工艺动作可以有不同的分解方法:一种方法是把工艺动作分解成滚刀与轮坯的连续转动和滚刀沿轮坯轴线方向的移动,按照这种工艺动作分解方法,就得到了图 3.1所示滚齿机床的方案;另一种方法是把工艺动作分解成齿条插刀(或齿轮插刀)与轮坯的范成运动、齿条刀具(或齿轮插刀)上下往复的切削运动以及刀具的进给运动等,按照这种工艺动作分解方法,得到的是图 3.2 所示插齿机床的方案。前者当滚刀连续转动时,相当于一根无限长的齿条连续向前移动,其切削运动和展成运动合为一体,因而生产效率会大大提高;后者由于其切削运动是不连续的,因此其生产率受到了影响。

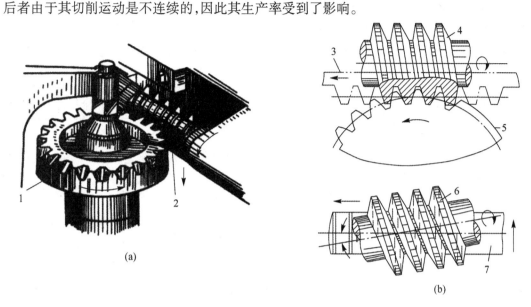

(a)

(b)

图 3.1 滚齿机床工艺动作分解的方案

1—被切齿轮;2—右旋滚刀;3—假想齿条;4,6—滚刀;5,7—轮坯

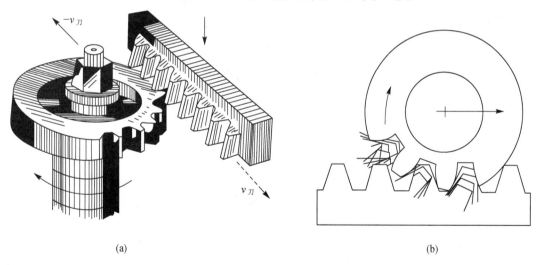

(a)

(b)

图 3.2 插齿机床工艺动作分解的方案

2.加工内孔的机床设计

设计一台加工内孔的机床,所依据的是刀具与工件间相对运动的原理。根据这一工作原理,加工内孔的工艺动作可以有几种不同的分解方法。第 1 种分解方法是让工件固定不动,使刀具既绕被加工孔的中心线转动,又做纵向进给运动和径向调整运动,这种分解方法就形成了图 3.3(a)所示的镗内孔的镗床方案。第 2 种分解方法是让工件固定不动,而采用不同尺寸的专用刀具——钻头和铰刀等,使刀具做等速转动并做纵向送进运动,这种分解方法就形成了图 3.3(b)所示的加工内孔的钻床方案。第 3 种方法是让工件做连续等速转动,

刀具做纵向等速移动和径向进给运动,这种分解方法就得到图3.3(c)所示的镗内孔的车床方案。第4种方法是让工件和刀具均不转动,而只让刀具做直线运动。这种分解方法就形成了图3.3(d)所示的拉床方案。

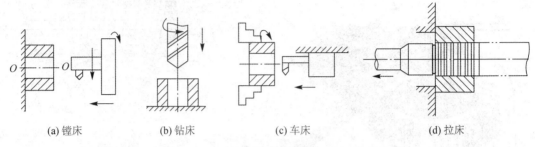

(a) 镗床　　　　(b) 钻床　　　　(c) 车床　　　　(d) 拉床

图3.3　加工内孔机床的工艺动作分解方案

由以上实例可以看出:实现同一个工艺动作,可以分解成各种简单运动,工艺动作分解的方法不同,所得到的运动规律和运动方案也大不相同,它们在很大程度上决定了机械工作的特点、性能、生产率、适用场合和复杂程度。所以在进行运动规律设计和运动方案选择时,应综合考虑这些因素,根据实际情况对各种运动规律和运动方案加以认真分析与比较,从中选择出最佳方案。

3.3　执行机构运动协调设计

一部复杂的机械一般不可能由单个执行机构组成,而是由多个执行机构组合而成的。机器要完成总功能,各执行机构不仅要完成各自的执行动作,而且互相之间必须相互配合,协调一致。然而要保证这方面的工作正常进行,就要进行执行机构的运动协调设计,它是执行机构系统方案设计的重要内容之一。

1.各执行机构的执行动作在时间上应协调配合

各执行机构的动作过程和先后顺序必须符合工艺过程的要求。为了使整个执行机构系统能够周而复始地循环协调工作,必须使各执行机构的运动循环时间间隔相同,或按工艺要求成一定的倍数,即满足在时间上的同步性要求。图3.4所示为产品包装打印的机构。首先推送机构通过推杆1将产品3送至待打印位置,然后打印机构的打印头2向下运动完成打印。两执行机构在1个周期内的位移如图3.5所示,且周期相同。图3.6所示为产品包装打印机的3种时间协调方案。第1种方案是推杆先完成1个循环,然后打印头再完成1个运动循环,如此反复交替,见图3.6(a)。此时整个打印工作周期最长,安排不合理。第2种方案是打印头先运动,推杆经过Δt时间后再开始运动,这样产品刚到打印位置,打印头也同时到达打印位置,见图3.6(b)。此设计理论上整个打印工作循环时间最短,但综合考虑制造、安装等因素导致机构产生运动误差,有可能产品还未到达预定位置,打印头就已经到达打印位置了,显然不合理。第3种方案是调整推杆在1个运动循环运动区间段与停歇区段的相对位置,使产品提前一定的时间到达预定位置,见图3.6(c)。这种设计既节省了整个打印周期的时间,又避免了各种因素带来的误差,因此比较合理。

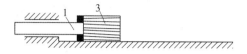

图 3.4　产品包装打印的机构

1—推杆;2—打印头;3—产品

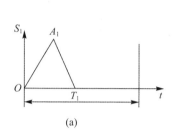

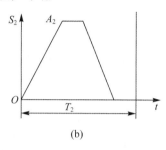

图 3.5　两执行机构在 1 个运动周期内的位移

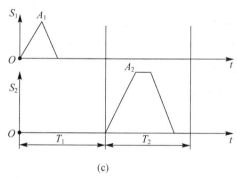

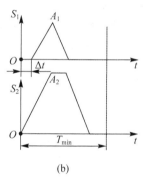

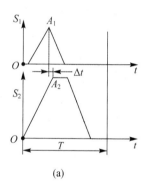

图 3.6　产品包装打印机的 3 种时间协调方案

2.各执行机构在空间上的协调配合

有些执行机构除了在时间上必须按一定顺序动作外,在空间位置上也必须协调一致,以免相互干涉。图 3.7 所示为包装机械的折边机构。由图可知,M 点是左右两个折边执行机构的轨迹交点,即干涉点。如果两执行机构的空间协调关系不好,它们在运动空间上就会产生干涉,使两折边机构因互相碰撞而损坏。

3.各执行机构在速度上的协调配合

各执行构件之间除了要考虑时间和空间上的协调一致外,在实际工况中,还需要满足速度上的协调一致,各执行机构运动间必须保持一定的速比关系。例如,滚齿按范成法加工齿轮时,齿坯和滚齿刀的运动之间必须保持一定的传动比,只有这样才能完成滚齿功能。

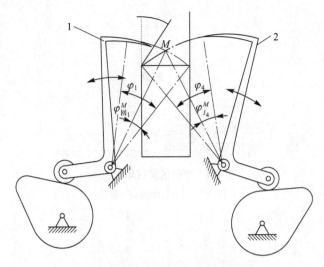

图 3.7　包装机械的折边机构

1—左折边机构;2—右折边机构

4.多个执行机构完成一个执行动作时,各执行机构之间的运动协调配合

图 3.8 所示为一纹板冲孔机构的运动协调。由图可知,完成冲孔这一工艺动作,需要由曲柄摇杆机构 1 和电磁铁 2 控制的曲柄滑块机构 4 的组合运动来实现。曲柄摇杆机构 1 实现冲头的上下敲击运动,装有衔铁的曲柄在电磁吸力的作用下,带动滑块做往复运动。当冲头正好移动到冲针 3 的上方时,曲柄摇杆机构 1 做下摆运动,冲头便跟随打击板下摆敲击冲针,完成冲孔工艺。如果这两个机构动作不协调,摇杆从水平位置向下摆动时,滑块不在冲针上方位置或滑块虽已到位但摇杆却向上摆动,都不能完成冲孔工艺动作。

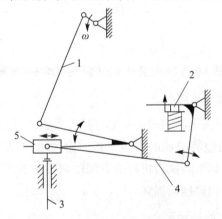

图 3.8　纹板冲孔机构的运动协调

1—曲柄摇杆机构;2—电磁铁;3—冲针;4—曲柄滑块机构;5—滑块

5.在安排各执行机构的动作顺序时,应尽量缩短执行系统的工作循环周期,从而提高劳动生产率

通常采用两种办法:其一,尽量缩短执行机构空回程的时间,以缩短非有效生产时间;

其二,只要运动不产生干涉可以在前一执行机构回程结束之前,后一执行机构就开始工作。当系统中有多个执行机构时,采用此法可取得显著效果。

3.4 机械运动循环图设计

1.机械运动循环图设计概述

根据功能要求及生产工艺的不同,机械运动循环分为无周期性的和有周期性的两大类。在具有周期性循环的机械中,各执行构件每经过一定的时间间隔,它的位移、速度及加速度等参数就周期性地重复 1 次,完成 1 次循环。对于具有固定运动循环的机械,用来描述各执行构件运动间相互协调配合关系的图称为机械运动循环图。机械运动循环图是保证执行机构动作协调配合不发生干涉以及保证高生产率的一个重要环节,在机械设计及以后的制造、安装、调试、维修中都将有重要作用。其应用主要表现在以下几个方面。

(1)确定各执行机构原动件在主轴上的方位,或者控制各个执行机构原动件的凸轮安装在分配轴上的方位。

(2)指导各执行机构的具体设计。

(3)作为装配、调试自动机械的依据。

(4)机械运动循环图反映了机械的生产节奏,可用来核算机械的生产率,并可用来作为分析、研究提高机械生产率途径的基本文件。

(5)作为分析、研究各执行机构的动作如何紧密配合、相互协调的重要文件。

常用的运动循环图有 3 种表示方法,即直线式循环图、圆周式循环图和直角坐标式循环图。3 种方法各有其特点。直线式循环图能清楚地表示整个运动循环各执行机构的执行构件行程之间的相互顺序和时间(或转向)的关系,绘图简单,但其直观性差,无法显示执行构件的运动规律。圆周式循环图直观性较强,因为机器的运动循环通常是在分配轴转 1 周的过程中完成的。所以通过它能直接看出各个执行机构原动件在分配轴上所处的相位,便于凸轮机构的设计、安装和调试。但当执行机构数目较多时,同心圆太多,看起来不清楚,而且圆周式运动循环图同样也不能显示各执行机构的运动规律。直角坐标式循环图不仅能清楚地看出各执行机构的运动起止时间,而且各执行机构的运动规律、位移情况及相互关系一目了然,并可指导执行机构的几何尺寸设计。

图3.9 所示为以牛头刨床为例用 3 种方法表示的运动循环图。在这 3 种运动循环图中,直角坐标式运动循环图不仅能表示出这些执行机构中构件动作的先后,而且能描绘它们的运动规律及运动上的配合关系,直观性较强,比其他两种运动循环图更能反映执行机构的运动特性,并能作为下一步机构几何尺寸设计的依据。所以在设计机械时,通常优先采用直角坐标式的运动循环图。

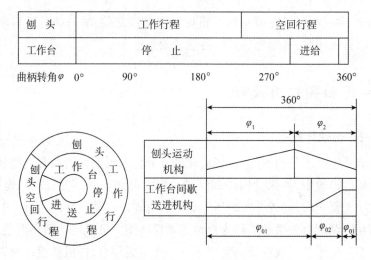

图 3.9　以牛头刨床为例用 3 种方式表示的运动循环图

2.机械运动循环图的设计步骤与方法

运动循环图一般是在机器的传动方式以及执行机构的结构均已初步拟定好后再进行。

1)确定执行机构的运动循环时间 $T_{执}$

机械的运动循环时间是指机械完成其功能所需的总时间,实际上是指执行机构的 1 个工作循环所占用的时间。例如一曲柄摇杆机构,曲柄为原动件,$n_{曲} = 20$ r/min;摇杆为执行构件,曲柄每转 1 周(360°),摇杆往复 1 次完成 1 个工作循环,则其运动循环时间为 $T_{执} = 1/n_{曲} = 3$ s。

2)确定组成循环的各个区段

运动循环中一般有工作行程、空回行程和停歇区段,为了提高生产效率,一般应使空回行程尽量短,这样机构就存在急回特性,要根据工艺要求确定其行程速比系数 K。

3)确定执行构件各区段运动的时间及相应的分配轴转角

在确定了执行机构的运动循环时间 T 值和组成循环的各个区段后,即进一步确定执行构件各区段运动的时间及相应的分配轴转角。例如,在曲柄摇杆机构中,执行机构摇杆的运动循环时间为

$$T_{执} = t_{工作} + t_{空程} = 2 + 1 = 3 \text{ s}$$

与此相应的曲柄轴转角(分配轴转角)为

$$360° = \varphi_{工作} + \varphi_{空程} = 240° + 120°$$

4)初步绘制执行机构的运动循环图

根据以上计算,选定比例系数即可画出相应执行机构的运动循环图。值得指出的是,当选用不同类型的机构作为执行机构时,它们的运动循环图也随之不同。

5)对各执行机构做同步化设计,最后画出整机的运动循环图

运动循环的同步化设计包括时间同步化和空间同步化。当各个执行机构的运动循环图都绘制好以后,必须按其工艺动作的顺序将它们恰当地组合在一起,绘出整台机器的工作循环图。这时应考虑到各执行机构在时间和空间上的协调性,即不仅时间上各执行机构要按一定的顺序进行(称为运动循环的时间同步化),而且空间上各执行机构在工作过程中要避

免产生空间位置的相互干涉(称为运动循环的空间同步化)。在满足时间同步化时,不是简单地让最大运动循环时间等于各执行机构循环时间之和,还应考虑尽量提高生产率,各执行机构在不发生干涉的情况下可以交错运行,空间同步化的协调亦是如此。

现以半自动制钉机为例来说明制造一枚鞋钉的运动循环图。该鞋钉分为钉头、钉杆和钉尖,钉杆为四方锥形。半自动制钉机的机构系统由 4 个凸轮机构组成(图 3.10 中分别画出它们的执行构件),其工艺过程为:

(1)墩头。冲头 1 左进墩出钉头。在镦锻过程中,冲头 3 压紧钢丝料 5。

(2)送料。由送料夹持器 2 分 4 次间歇送进,前 3 次每次送进量约为钉长度的 1/3,第 4 次送进量略大于前 3 次的送进量。

(3)压紧、挤方。由冲头 3 在前 3 次送料后的停歇阶段将钉杆挤压成方锥,在其余工作循环中冲头 3 保持与钉杆接触,起压紧作用。

(4)挤尖、切断。在第 4 次送料后,由切断刀 4 同时完成挤尖、切断工序,完成 1 枚鞋钉的制作。

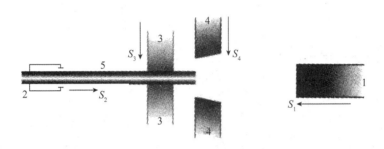

图 3.10　制钉机工艺过程

1,3—冲头;2—送料夹持器;4—切断刀;5—钢丝料

根据以上工艺过程,综合考虑各执行机构间的协调统一,分别画出 3 种形式的运动循环图。

(1)直线式运动循环图。将机械在 1 个工作循环中各执行构件的各运动区间的起止时间和先后顺序按比例绘制在直线轴上,形成的长条矩形就是直线式运动循环图,如图 3.11所示。

墩头 (冲头1)	进	前停	退	后　停										
送料 (送料夹持器2)	后　　停			第1次			第2次			第3次			第4次			后停
				进	停	退	进	停	退	进	停	退	进	停	退	
压紧、挤方 (冲头3)	前　　停			第1次			第2次			第3次			第4次			前停
				退	停	进	退	停	进	退	停	进	退	停	进	
挤尖、切断 (切断刀4)	后　　　　　停													进	退

主动曲柄的转角φ　0°　　　　90°　　　　180°　　　　270°　　　　360°

图 3.11　直线式运动循环图

（2）圆周式运动循环图。以圆点 O 为圆心，做若干个同心圆环，每个圆环代表 1 个执行构件。由各相应圆环分别引径向直线表示各执行构件不同运动区段的起始位置和终止位置，如图 3.12 所示。

（3）直角坐标式运动循环图。以横坐标轴代表机械的主轴或分配轴的转角，以纵坐标轴代表各执行构件的角位移或线位移，即各执行构件的位移线图，如图 3.13 所示。为简明起见，通常忽略实际的运动规律，将各运动区段用直线连接，此时只反映出各构件间运动的协调、配合关系。

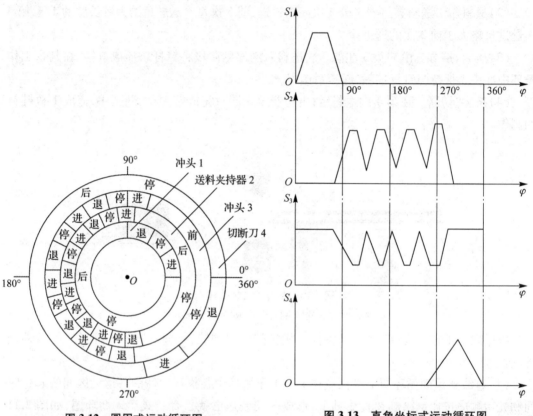

图 3.12　圆周式运动循环图　　　　图 3.13　直角坐标式运动循环图

值得注意的是，在完成执行机构的尺寸设计后，常常由于结构和整体布局方面的原因，或加工工艺方面的原因，或改善执行机构运动和动力特性方面的原因，必须对执行机构的构件尺寸进行必要的调整和修改。这样执行机构所实现的运动规律与原先设计的就不完全一样，因此必须以改进后的结构设计、强度设计和刚度设计来确定的构件结构尺寸为依据，精确地描绘出机械运动循环图。

第4章
机构系统运动方案设计

4.1 机构常见的运动形式及其介绍

4.1.1 平面连杆机构

机构中所有构件都在一平面或相互平行的平面内运动的机构称为平面机构。其中铰链四杆机构是将四个构件用四个转动副连接组成的机构。如图4.1所示,构件4为固定构件,称为机架;构件1和构件3通过铰链与机架相连,称为连架杆,其中,能围绕与机架相连的铰链做整周连续转动的连架杆称为曲柄,而只能围绕与机架相连的铰链在一定范围内摆动的连架杆称为摇杆;构件2与机架不直接相连,称为连杆。

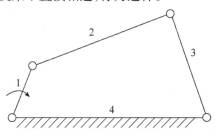

图4.1 平面铰链四杆机构

1,3—连架杆;2—连杆;4—机架

铰链四杆机构有以下几种基本形式。

1.曲柄摇杆机构

在铰链四杆机构中,若两个连架杆中有一个为曲柄,另一个为摇杆,就称为曲柄摇杆机构。一般曲柄为原动件,摇杆为从动件。图4.2(a)所示为雷达天线摇摆机构(曲柄为主动件),图4.2(b)所示为缝纫机踏板机构(摇杆为主动件)。

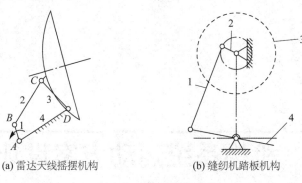

(a) 雷达天线摇摆机构　　　　　(b) 缝纫机踏板机构

图 4.2　曲柄摇杆机构

1—连杆;2—曲柄;3—皮带轮;4—踏板(摇杆)

2.双曲柄机构

在铰链四杆机构中,若两个连架杆都为曲柄,则称为双曲柄机构。如图 4.3(a)所示,振动筛的双曲柄机构可以将曲柄 AB 的匀角速转动变成曲柄 CD 的变角速转动。

在双曲柄机构中,用得最多的是平行双曲柄机构,这种机构的对边两构件长度相等。如图 4.3(b)所示为工程车的平行双曲柄机构,可保证载人升降台平稳升降。

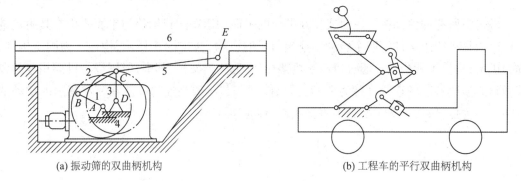

(a) 振动筛的双曲柄机构　　　　　(b) 工程车的平行双曲柄机构

图 4.3 双曲柄机构

图 4.4 所示为反平行四边形机构。

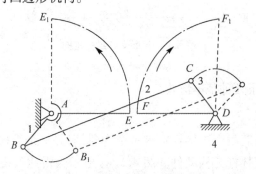

图 4.4　反平行四边形机构

3.双摇杆机构

铰链四杆机构中,若两连架杆均为摇杆,则称为双摇杆机构。

如图 4.5(a)所示的鹤式起重机构,当 AB 杆摆动时,CD 杆也做摆动,连杆 CB 末端的 E 点做近似水平直线运动,使之在吊起重物时,减少不必要的升降,从而降低了能耗。图4.5(b)所示为其机构运动简图。

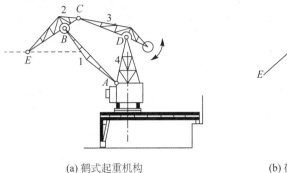

(a) 鹤式起重机构　　　　　　　　(b) 鹤式起重机构的运动简图

图 4.5　双摇杆机构

工程实际应用中,平面四杆机构多种多样,但都是在铰链四杆机构的基础上演化而来的。了解四杆机构的演化方法,是分析和设计平面连杆机构的基础。

如图4.6(a)所示的曲柄摇杆机构中,1为曲柄,3为摇杆,C点轨迹为以D为圆心、杆长CD为半径的圆弧tt。今在机架4上制作一同样轨迹的圆弧槽tt,并将摇杆3做成圆弧形滑块置于槽中滑动,如图4.6(b)所示。这时,弧形滑块在圆弧中的运动完全等同于绕转动副D转动的作用,圆弧槽tt的圆心即相当于摇杆3的摆动中心D,其半径相当于摇杆3的长度CD。又若再将圆弧槽tt的半径增加至无穷大,其圆心D移至无穷远处,则圆弧槽变成了直槽,置于其中的滑块3做往复运动,从而将转动副D演化为移动副,曲柄摇杆机构演化为含一个移动副的四杆机构,称为曲柄滑块机构,如图4.6(c)所示。图中e为曲柄回转中心A与经过C点直槽中心线的距离,称为偏心距。当$e \neq 0$时,称为偏置曲柄滑块机构;当$e=0$时,称为对心曲柄滑块机构。内燃机、蒸汽机、往复式抽水机、空气压缩机及冲床等的主机构都采用了曲柄滑块机构。

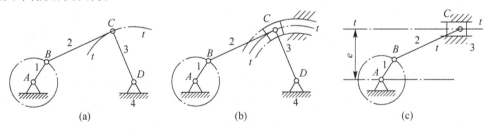

(a)　　　　　　　　　　(b)　　　　　　　　　　(c)

图 4.6　铰链四杆机构的演化

4.1.2　凸轮机构

凸轮机构的组成包括凸轮、从动件和机架。它的主要功用是通过凸轮轮廓设计可以获得从动件预期的任意复杂运动规律,从而满足所给定的工作要求。凸轮机构的类型如表4.1所示。

表4.1 凸轮机构的类型

类型	平面凸轮机构		空间凸轮机构	
凸轮几何形状	盘形凸轮	平板凸轮	圆柱凸轮	圆锥凸轮
凸轮运动形式	定轴转动	直线移动	定轴转动	
从动件运动形式	往复移动		往复移动	
	往复摆动		往复摆动	
从动件同凸轮接触的几何形状	尖端		尖端	
	滚子		滚子	
	平底			
	一般曲面底(很少用)		一般曲面底(很少用)	
保持高副接触的方式	力封闭型	重力(很少用)	重力(很少用)	
		弹簧力	弹簧力	
	几何封闭型	沟槽式凸轮	沟槽式凸轮	
		等宽凸轮		
		等径凸轮		
		共轭凸轮机构		

凸轮机构的特点与应用

优点:组成凸轮机构的构件数较少,结构比较简单,只要合理地设计凸轮的轮廓曲线就可以使从动件获得各种预期的运动规律,而且设计比较容易。

缺点:凸轮与从动件之间组成了点或线接触的高副,在接触处由于相互作用力和相对运动的结果会产生较大的摩擦和磨损。

尖端从动件凸轮机构——接触处为滑动摩擦,会产生严重的磨损,故实际中极少采用。

滚子从动件凸轮机构—— 接触处为滚动摩擦,从而使摩擦磨损大为降低,故实际应用较广。

平底从动件凸轮机构—— 虽然接触处仍然为滑动摩擦,但由于在接触处容易形成油膜(起润滑作用),而且接触处的作用力(不计摩擦力时)始终垂直于平底,使传动平稳,故也有较广泛应用。

凸轮机构被广泛应用于各种机械中,特别是自动机械,自动生产线中的机械控制装置中。例如对开印刷机、胶印机、内燃机等。

凸轮机构的压力角:不计摩擦时凸轮对从动件作用力的方向(高副接触点的法线方向)与从动件上力作用点的绝对速度方向之间所夹的锐角α,称为凸轮机构的压力角,显然α角随机构位置而变。

$$P = \frac{Q}{\cos(\alpha+\varphi_1)+\left(1+\dfrac{2b}{l}\right)\sin(\alpha+\varphi_1)\tan\varphi_2} \tag{4.1}$$

压力角 α 是影响凸轮机构传力特性的一个重要参数,由上式可以看出,在结构尺寸、构件材料一定的条件下,α 越大则分母越小,则所需凸轮推动从动件的力 P 就越大,如果 α 增大使式中的分母为0,则意味着推动力 P 应增至无穷大,机构也就无法运动(称为自锁)。

从动件运动规律是凸轮轮廓设计的依据,而运动规律通常是根据机械对凸轮机构提出的工作要求确定的。

在实际机械中,对从动件运动要求是多种多样的。经过长期的生产实践和理论研究,人们较为普遍地采用了某些运动规律(称常用运动规律)。以下对这些常用运动规律的组成、特性和应用场合等方面做介绍,以供设计者选用。

从动件的推程过程通常就是凸轮机构的工作过程,因此这里着重讨论从动件在推程运动中的运动规律。统一设定从动件的行程为 h,对应的凸轮推程运动角为 F,凸轮的角速度为 ω。

1.等速运动规律

运动特点:运动过程中,其加速度为零。但在推程开始位置和结束位置由于速度有突变,此时加速度在理论上由零突变为无穷大,从而使从动件的惯性力在理论上也突变为无穷大,其效应是机构产生强烈的冲击,称为刚性冲击。

2.等加速等减速运动规律

运动特点:加速度在凸轮转角的三个位置存在有限值的突变,由此引起的从动件惯性力的有限值突变,因此也会产生较严重的冲击,称为柔性冲击。

3.简谐运动规律

运动特点:从动件在推程运动开始位置和结束位置,加速度存在有限值的突变,因此也会产生较严重的冲击,即柔性冲击。

4.摆线运动规律

运动特点:整个推程运动过程中的速度曲线和加速度曲线都是连续变化的,加速度没有任何突变,因此就不会产生惯性力的突变,故不会产生任何冲击。

5.五次多项式运动规律

运动特点:整个推程运动过程中的速度曲线和加速度曲线都是连续变化的,加速度没有任何突变,因此就不会产生惯性力的突变,故不会产生任何冲击。常用运动规律比较如表4.2所示。

现将以上5种常用运动规律的 v_{max}、a_{max} 和冲击特性及应用场合等方面做相对性的比较,以便设计时选择。

选择运动规律应满足机器依据整体运动协调配合对凸轮机构提出的运动规律要求,同时还应考虑使凸轮机构有良好的动力特性。除了考虑冲击特性外,还应对各种运动规律 v_{max}、a_{max} 的影响进行比较。

表 4.2 常用运动规律比较

运动规律	v_{max}	a_{max}	冲击特性	适用场合
等速运动	$1 \times h\omega/\psi$	∞	刚性冲击	低速轻载
等加速等减速运动	$2 \times h\omega/\psi$	$4 \times h\omega^2/\psi^2$	柔性冲击	中速轻载
简谐运动	$1.57 \times h\omega/\psi$	$4.93 \times h\omega^2/\psi^2$	柔性冲击	中速中载
摆线运动	$2 \times h\omega/\psi$	$6.28 \times h\omega^2/\psi^2$	无冲击	高速轻载
五次多项式运动	$1.88 \times h\omega/\psi$	$5.77 \times h\omega^2/\psi^2$	无冲击	高速中载

4.1.3 齿轮传动

齿轮机构用于传递两轴之间的运动和动力,是应用最广的传动机构。它是通过轮齿的啮合来实现传动要求的,因此同摩擦轮、皮带轮等机械传动相比较,其显著特点是:传动比稳定、工作可靠、效率高、寿命较长,适用的直径、圆周速度和功率范围广。

根据齿轮机构所传递运动两轴线的相对位置及齿轮的几何形状,可以将齿轮机构分为若干类型,其中最基本的型式是传递平行轴间运动的圆柱直齿轮机构和圆柱斜齿轮机构。

传递平行轴运动的齿轮机构:外啮合直齿圆柱齿轮机构、内啮合直齿圆柱齿轮机构、斜齿圆柱齿轮机构、齿轮齿条机构、人字齿轮机构。

传递相交轴运动的齿轮机构:直齿圆锥齿轮机构、斜齿圆锥齿轮机构、曲齿圆锥齿轮机构。

传递交叉轴运动的齿轮机构:螺旋齿轮机构、蜗杆蜗轮机构。

按齿轮的齿廓曲线不同,又可分为渐开线齿轮、摆线齿轮和圆弧齿轮等,其中渐开线齿轮应用最广。

满足恒定传动比的条件——齿廓啮合基本定律。绝大多数机械要求齿轮机构的传动比在每一瞬时均保持恒定不变,而齿轮机构工作时是靠轮齿的齿廓曲线的啮合来传递运动的,显然要使传动比恒定,齿廓曲线应具备一定条件。由图 4.7 可以看出,要使两齿轮的传动比恒定,则应使半径比为定值。由于两轮的连心线长为定值,故欲满足上述要求,必须使分度圆交点为连心线上的一个定点,即不论两齿廓在任何位

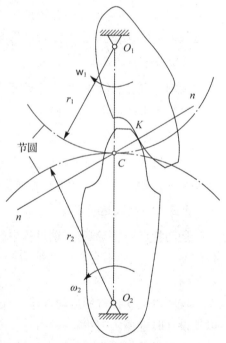

图 4.7 齿轮啮合

置接触,过接触点的齿廓公法线均应与连心线交于一个定点。这就是齿廓啮合基本定律。满足此定律的一对齿廓称为共轭齿廓。

满足齿廓啮合基本定律的共轭齿廓可以有很多种,在实际应用中有渐开线、摆线、圆弧等。但是齿廓选择还要考虑到制造、安装和使用等方面的要求。渐开线作为齿廓的齿轮是目前应用最为广泛的齿轮,因此本小节将主要讨论渐开线齿轮。

由渐开线的形成过程可知它具有以下特性。

(1)相应于发生线和基圆上滚过的长度相等,即为渐开线在 K 点的法线。

(2)渐开线上各点的曲率半径不同,离基圆越远,其曲率半径越大,渐开线越平直。

(3)渐开线上任意一点的法线必切于基圆。

(4)渐开线的形状取决于基圆半径的大小。基圆半径越大,渐开线越趋平直。

(5)基圆以内无渐开线。

由齿轮类型可知,直齿圆柱齿轮包含有圆柱外齿轮、圆柱内齿轮以及齿条。其中圆柱外齿轮及其啮合传动最为广泛,也是本小节讨论的重点。为简便起见,以下就将"外"字去除,简称齿轮和齿轮啮合传动。

图 4.8 所示为齿轮的一部分,由于齿轮沿其宽度 B 方向的剖面形状都相同,因此只需从其端面形状来讨论齿轮的各部分名称及尺寸计算。

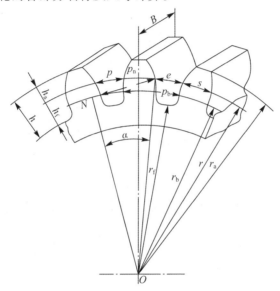

图 4.8　齿轮的一部分

常见的各部分名称如下所示。

(1)齿顶圆——过所有轮齿顶端的圆,其半径用 r_a 表示。

(2)齿根圆——过所有齿槽底部的圆,其半径用 r_f 表示。

(3)基圆——形成渐开线齿廓的圆,其半径用 r_b 表示。

(4)分度圆——位于轮齿的中部,是设计、制造的基准圆,其半径用 r 表示。

(5)齿顶高——齿顶圆与分度圆之间的径向距离,其长度用 h_a 表示。

(6)齿根高——齿根圆与分度圆之间的径向距离,其长度用 h_f 表示。

(7)全齿高——齿顶圆与齿根圆之间的径向距离,其长度用 h 表示,且 $h=h_a+h_f$。

(8)齿厚——每个轮齿在某一个圆上的圆周弧长。不同圆周上的齿厚不同,在半径为 r_k 的圆上,齿厚用 s_k 表示;在半径为 r 的分度圆上,齿厚用 s 表示。

(9)齿槽宽——相邻两个齿间在某一个圆上的齿槽的圆周弧长。不同圆周上的齿槽宽不同,在半径为 r_k 的圆上,齿槽宽用 e_k 表示;在半径为 r 的分度圆上,齿槽宽用 e 表示。

（10）齿距（或称周节）——相邻两个轮齿同侧齿廓之间在某一个圆上对应点的圆周弧长。不同圆周上的齿距不同，在半径为 r_k 的圆上，齿距用 p_k 表示，显然有 $p_k = s_k + e_k$；在半径为 r 的分度圆上，齿距用 p 表示，同样 $p = s + e$。若为标准齿轮，则有 $s = e$。

（11）法向齿距——相邻两个轮齿同侧齿廓之间在法线方向上的距离，用 P_n 表示。由渐开线特性可知，$P_n = P_b$（基圆齿距）。

一对渐开线齿廓的齿轮能实现定传动比传动，但并不表明任意两个渐开线齿轮装配起来就能正确啮合传动。

图4.9所示为一对渐开线齿轮啮合传动。由主动轮的左侧齿廓推动从动轮的右侧齿廓，相邻两对齿廓分别在 K 和 K' 点接触啮合。要使两轮的轮齿都能正确啮合，显然两轮的相邻两齿同侧齿廓之间沿法线方向的距离，即法向齿距 P_n 应该相等，即

$$P_{n1} + P_{n2} \tag{4.2}$$

根据渐开线特性可推知，渐开线齿轮的法向齿距等于基圆齿距，也即要求

$$P_{b1} = P_{b2} \tag{4.3}$$

因为有

$$r_b = r\cos\alpha = \frac{Pz\cos\alpha}{2\pi} \tag{4.4}$$

所以得

$$P_b = P\cos\alpha = \pi m\cos\alpha \tag{4.5}$$

正确啮合条件为

$$m_1\cos\alpha_1 = m_2\cos\alpha_2 \tag{4.6}$$

由于模数和分度圆压力角都已经标准化，为满足上述等式，只有使

$$m_1 = m_2, \alpha_1 = \alpha_2 \tag{4.7}$$

式（4.7）说明：只有模数相等、压力角相等的两个渐开线齿轮才能正确啮合。

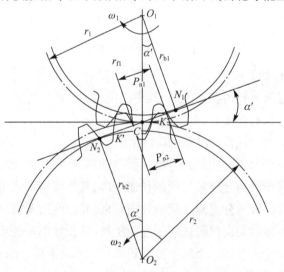

图4.9 一对渐开线齿轮啮合传动

4.1.4 轮系

由一对以上齿轮组成的齿轮系统称为轮系。组成轮系的每一个齿轮轴线相对机架的位置都是固定的轮系称为定轴轮系。定轴轮系又分为平面定轴轮系和空间定轴轮系。表4.3 给出了定轴轮系的分类。

表4.3 定轴轮系的分类

平面定轴轮系	空间定轴轮系
所有齿轮均为圆柱齿轮(图中齿轮3为内齿轮,同齿轮2'的啮合称为内啮合),各轮轴线相互平行	轮系中至少有一对齿轮为空间齿轮(圆锥齿轮或蜗杆齿轮),各轮轴线不平行

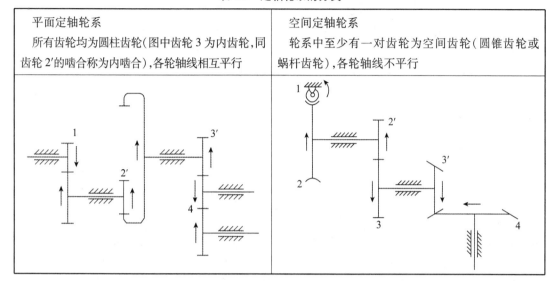

在轮系中只要有一个齿轮的轴线不固定,该轮系就称为周转轮系。周转轮系通常可分为基本型周转轮系和复合型周转轮系。

图4.10 所示为基本型周转轮系。它由4个活动构件组成,它们是:两个定轴转动的中心轮(又称太阳轮)1 和3,支承齿轮2轴线且做定轴转动的系杆(又称行星架或转臂)H,轴线随系杆 H 而转动的行星轮2。由以上基本型周转轮系的组成可看出其各构件的运动特征。

(1)中心轮 1、3 和系杆 H 绕同一轴线转动。

(2)行星轮 2 既绕系杆 H 的轴线 O_2 转动(称为自转),又随系杆 H 绕轴线 O 转动(又称为公转)。因此行星轮的绝对运动是上述两个转动的合成。

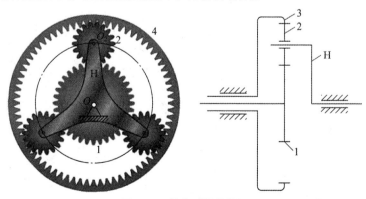

图 4.10　基本型周转轮系

1,3—中心轮;2—支承齿轮;4—行星轮

基本型周转轮系还可按其自由度 F 分为差动轮系($F=2$)和行星轮系($F=1$)。

差动轮系的自由度 $F=2$。这表明差动轮系需要两个原动件的输入运动,机构才能有确定的输出运动。

行星轮系的自由度 $F=1$。这表明行星轮系只需要一个原动件的输入运动,机构就有确定的输出运动。因此行星轮系的应用更为广泛。

如果轮系中既包含有定轴轮系部分,又包含有周转轮系部分,则该轮系称为混合轮系。混合轮系的组成常见有串联型和闭式差动型。

4.2 其他特殊机构简介

4.2.1 间歇运动机构

间歇运动机构是指主动件做连续运动时,从动件产生周期性的运动和停歇的机构。实现间歇运动的机构分成三类,分别是实现间歇转动的机构,如棘轮机构、槽轮机构、不完全齿轮机构、凸轮式间歇运动机构、某些组合机构等;实现间歇移动的机构,如棘齿条机构、摩擦传动机构、从动件做间歇往复运动的凸轮机构、反凸轮机构、气动、液压机构、移动杆有停歇的斜面机构等;实现间歇摆动的机构,如特殊形式的连杆机构、摆动从动件凸轮机构、齿轮—连杆组合机构、利用连杆曲线圆弧段或直线段组成的多杆机构等。对于棘轮机构、槽轮机构、不完全齿轮机构、凸轮式间歇运动机构等实现间歇转动的机构在教材中已有详细介绍,在此不再赘述。下面介绍实际应用中为改善间歇运动机构的运动或动力特性而采用的一些可实现间歇摆动或间歇移动的组合机构。

1.间歇摆动机构

根据停歇位置的不同,间歇摆动机构分单侧停歇、双侧停歇和中途停歇等。下面按这几种形式分别加以介绍。

1)单侧停歇的间歇摆动机构

这是指从动件在摆动的某一侧极限位置有停歇。图 4.11 所示机构中,主动曲柄 1 做连续转动时,通过连杆 2 使摇杆 3 上的滚子 A 在弧 ab 范围内摆动。当滚子 A 摆动进入摆杆 4(从动件)的沟槽时,带动 4 摆动;当滚子 A 与摆杆 4 的沟槽脱离时,4 停歇不动,并靠摇杆 3 上的锁止弧 B 保证停歇位置不变。此机构的特点是摆杆停歇较可靠,可用于要求摆杆停歇准确的各种自动机种。

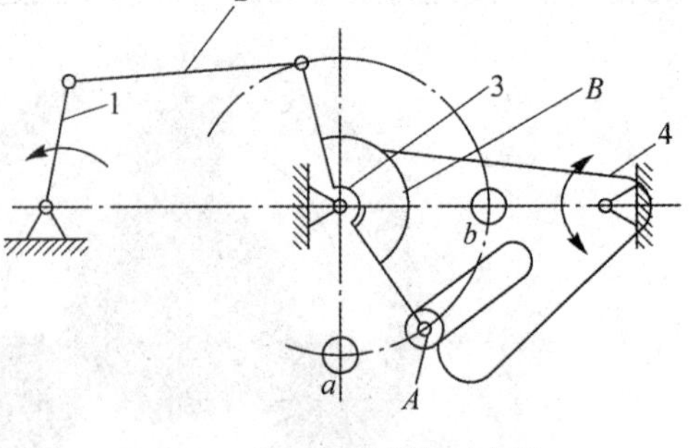

图 4.11 单侧停歇的摆动机构
1—主动曲柄;2—连杆;3—摇杆;4—摆杆

2)双侧停歇的间歇摆动机构

这是指从动件在两侧极限位置均有停歇的摆动机构。如图 4.12 所示的机构中,主动曲柄 1 转动,通过曲柄摇杆机构 1、2、3、4 使与摇杆 3

固连的扇形齿轮 5 摆动,扇形齿轮 5 与齿轮 6 啮合,并使与齿轮 6 铰接的滑块 7 摆动,由滑块 7 驱动导杆 8 做往复运动,以实现两极限位置的停歇。

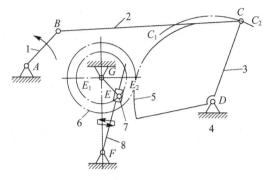

图 4.12　连杆摆动双侧停歇机构

1—主动曲柄;2—连杆;3—摇杆;4—机架;5—扇形齿轮;6—齿轮;7—滑块;8—驱动导杆

3)中途停歇的间歇摆动机构

这是指从动件在摆动过程中有停歇的摆动机构。图 4.13 所示的导杆摆动中途停歇机构中,主动曲柄 1 转动,通过曲柄摇杆机构 1、2、3、4 使连杆 2 上铰接的滑块 5 运动,从而使导杆 6 摆动,滑块 5 上 E 点的运动轨迹为 a 曲线,当曲柄 1 通过圆弧 b_1b_2(图中实线部分)时,E 点的轨迹 E_1E_2 近似为直线,此时导杆 6 停歇。这种机构常用于要求不高,近似中途停歇的机构当中。

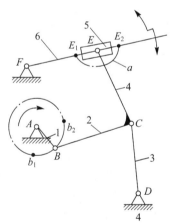

图 4.13　导杆摆动中途停歇机构

1—主动曲柄;2—连杆;3—摇杆;4—机架;5—滑块;6—导杆

2.间歇移动机构

间歇移动机构是指主动件连续运动时,从动件做周期性间歇移动的机构。常见的间歇移动机构有连杆机构、齿轮机构、凸轮机构、棘轮机构、摩擦轮机构等及它们的组合机构。根据从动件间歇形式的不同,间歇移动机构可分为:单侧间歇、双侧间歇、中途间歇和单向间歇(步进机构)4 种间歇移动机构等。

1)单侧间歇移动机构

这是一类从动件在某一侧极限位置停歇的间歇移动机构。在图 4.14 所示的机构中,在行星轮系 1、2、3 中,行星轮 2 节圆上 C 点铰接杆 4 带动滑块 5 往复运动。当齿轮 2、3 的齿数比 $z_3/z_2 = 3$ 时,主动杆 1 转动,C 点描绘出 3 条近似圆弧的内摆线 LM、MN、NL。若取杆 4 长度等于该近似圆弧的平均曲率半径,D 点位于曲率中心,则滑块 5 在左右极限位置近似停歇,停歇时间相当于一个运动周期的 1/3。此机构应用于要求停歇时间较长的机构中。

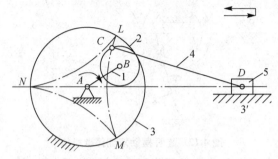

图 4.14 齿轮连杆单侧停歇机构

1—主动杆;2,3—齿轮;4—连杆;5—滑块

2)双侧间歇移动机构

这是一类从动件在两个极限位置均有停歇的间歇移动机构。图 4.15 所示机构中,不完全齿轮 1、2 上分别装有锁止弧 S_1、S_2,齿轮 2 与滑块 3 用转动副相连,杆 4 分别与滑块 3、机架 5 用移动副连接。齿轮 1 的齿数为 9,齿轮 2 的齿数为 20。当齿轮 1 带动齿轮 2 转动半周后,两锁止弧 S_1、S_2 接触,使滑块 3、4 停歇;齿轮 1 转动两周,滑块 4 完成一次往复移动,并在其行程的两端各有一段停歇。由于不完全齿轮在开始和终止啮合时均有冲击,故此机构只适用于低速、轻载场合。

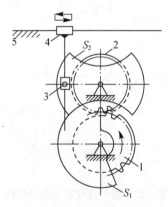

图 4.15 不完全齿轮导杆双侧停歇机构

1,2—齿轮;3,4—滑块;5—机架

3)中途间歇移动机构

这是指在中途有停歇的机构。图 4.16 所示的连杆滑块中途停歇机构中,主动曲柄 1 转动,通过曲柄滑块机构 1、2、3、4 使连杆 2 上铰接的杆 5 运动,从而使滑块 6 往复移动,当连杆 2 上 D 点运动轨迹通过实线 DD' 区域时(DD' 近似为圆弧,圆心在 E 点,半径为 ED),滑块 6 停歇。

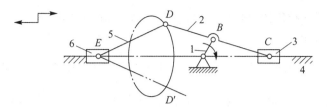

图4.16 连杆滑块中途停歇机构

1—曲柄；2—连杆；3,6—滑块；4—机架；5—摇杆

4）单向间歇移动机构

这是指从动件做单方向时停时动的移动机构,也称为步进机构,通常用作工件的间歇送进机构。如图4.17所示的槽条机构中,驱动构件1连续均匀转动,槽条2单向间歇移动。

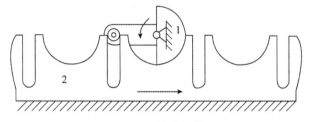

图4.17 槽条机构

1—驱动构件；2—槽条；3—机架

图4.18所示的棘齿条机构中,止动块1上的棘爪在弹簧3的作用下压紧在棘齿条的齿条中,当棘齿条2沿固定导轨 a 上移时,止动块1上的棘爪在齿背上滑过,若棘齿条2有下移趋势,止动块1上的棘爪压紧在棘齿条2的齿槽中,阻止其向下移动,实现棘齿条2的单向移动。这种带动棘爪的棘齿条机构可作为反向止动机构,起制动作用。

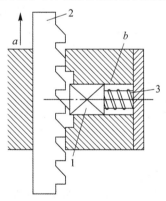

图4.18 棘齿条机构

1—止动块；2—棘齿条；3—弹簧

4.2.2 定传动比匀速转动机构

匀速转动机构是指主动件匀速转动,从动件也匀速转动的机构。根据从动件的运动情况可分为定传动比匀速转动机构和变传动比匀速转动机构。常见的定传动比匀速转动机构除教材介绍的齿轮机构、轮系、谐波传动机构、摩擦轮传动机构、挠性传动机构以外,还有平

行四边形机构、摆线针轮机构、双万向联轴节机构及一些组合机构等。

1.平行四边形机构

当铰链四杆机构中 $AB = CD$, $BC = AD$,它便成为平行四边形机构(图 4.19),这是双曲柄机构的特例,AB 和 CD 均为曲柄,而且它们的角速度相等,$i_{13} = \dfrac{\omega_1}{\omega_3} = 1$,所以当主动曲柄 1 做匀速转动时,其从动曲柄 3 也做匀速转动。平行四边形机构结构简单,广泛应用于传递平行轴间的运动。例如火车车轮中的联动机构、生产线中的操纵机构、刻模铣床的缩放机构等。

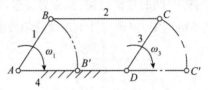

图 4.19　平行四边形机构

2.双万向联轴节机构

双万向联轴器为空间六杆机构,它由两个单万向联轴器通过中间轴 2 连接而成,中间轴 2 做成两部分用滑键连接以调节长度。主、从动轴可安装成图 4.20(a)或图 4.20(b)的位置,但必须满足:①主动轴 1 与中间轴 2 的夹角 α_1 等于从动轴 3 与中间轴 2 的夹角 α_3;②中间轴两端的叉面必须位于同一平面。

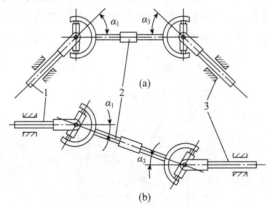

图 4.20　双万向联轴节机构

1—主动轴;2—中间轴;3—从动轴

单万向联轴器做不等角速比传动,$i_{12} = \dfrac{\cos \alpha_1}{1 - \sin^2\alpha_1 \cos^2\varphi_2}$ 或 $i_{23} = \dfrac{1 - \sin^2\alpha_3 \cos^2\varphi_2}{\cos \alpha_3}$,因为 $\alpha_1 = \alpha_3$,故 $i_{13} = \dfrac{\omega_1}{\omega_3} = i_{12}i_{23} = 1$,即双万向联轴器能实现等角速比的传动。随着 α 角的增大,铰链磨损增大,传动效率降低。主、从动轴间允许一定的相对位移。双万向联轴器可用来传递平行轴或相交轴间的等角速比的传动,在各类机械中得到广泛的应用。例如,用于多轴钻床、汽车变速箱和后桥主传动器间的传动。

常见的变传动比匀速转动机构有齿轮机构、摩擦轮机构、挠性传动机构等。如图 4.21 所示的摆动齿轮行星减速机构就是变传动比匀速转动机构的一种，主动件 1 与导杆 3′上的内齿轮 3 固联，而齿轮 2 从动。当曲柄 1 匀速回转时，齿轮 2 变速回转，其平均转速为

$$n_2 = - n_1 \times \left(\frac{z_3}{z_2} - 1 \right)$$

式中　n_1——主动件 1 的转速；

　　z_2、z_3——齿轮 2、3 的齿数。

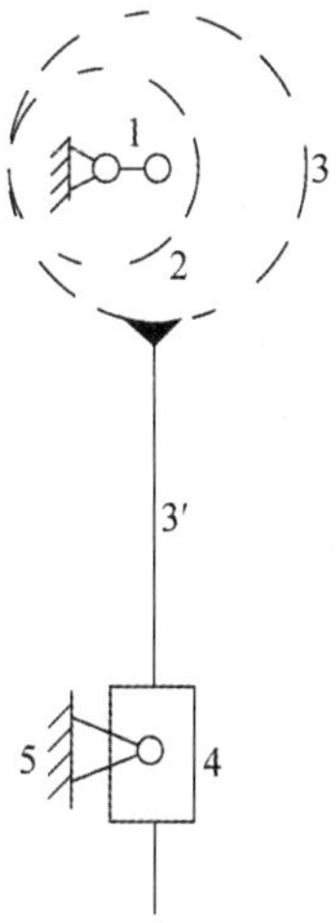

4.2.3　往复运动机构

为完成生产工艺所要求的功能动作，同时满足速度、加速度等方面的要求，机器中常用到往复运动机构。根据往复运动形式的不同，往复运动机构分往复移动机构和往复摆动机构。

1.往复移动机构

实现往复移动的机构除常见的曲柄滑块机构、移动从动件凸轮机构、齿轮齿条机构、螺旋机构等以外，实际中还用到一些组合机构，以改善其运动或动力特性。

1）移动导杆机构

如图 4.22 所示，连杆 1 为主动，它带动移动导杆 4 相对固定滑块 3 上下往复移动。

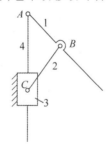

图 4.22　移动导杆机构

1—连杆；2—摇杆；3—固定滑块；4—移动导杆

2）凸轮连杆机构

如图 4.23 所示的凸轮连杆机构为自动车床送料及进刀机构。它由平底直动从动件、盘状凸轮机构与连杆机构组成。当凸轮转动时，推动杆 5 往复移动，通过连杆 4 与摆杆 3 及滑块 2 带动从动件 1（推料杆）做周期性往复直线运动。

图 4.21　摆动齿轮行星减速机构

1—主动件；2—齿轮；3—内齿轮；4′—导杆；5—滑块；6—机架

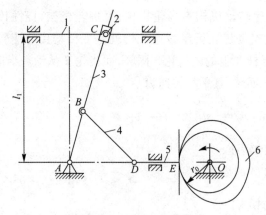

图 4.23 凸轮连杆机构

1—推料杆;2—滑块;3—摆杆;4—连杆;5—推动杆;6—凸轮

3)凸轮齿轮机构

图 4.24 所示为凸轮齿轮机构。它由凸轮齿轮组合而成,而凸轮机构的从动件 2 与齿轮机构的扇形齿轮固结。通常,凸轮 3 为主动件,带动与扇形齿轮固结的摆动杆 2 摆动,驱使齿条 1 往复移动。

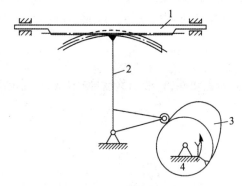

图 4.24 凸轮齿轮机构

1—齿条;2—摆动杆;3—凸轮;4—机架

4.2.4 行程放大机构

设计机器时,常常要求增大从动件的行程,这就需要用到行程放大机构。行程放大机构一般采用两个或两个以上的各类基本机构,如齿轮机构、连杆机构、凸轮机构等进行不同的组合,实现增大从动件行程、紧凑结构的目的,下面介绍比较常用的几种。

1.齿轮放大摆角机构

图 4.25 所示是由曲柄摇杆机构与齿轮机构串联组成的组合机构,齿轮 3 为扇形齿轮。曲柄 1 为主动件,齿轮 4 为从动件。当曲柄 1 连续回转时,从动件 4 往复摆动。由于采用齿轮的啮合传动,增大了从动件的输出摆角。此机构与一般曲柄摇杆机构相比,从动件摆角可增大 2.5 倍。

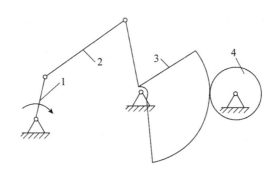

图 4.25 齿轮放大摆角机构

1—曲柄;2—连杆;3—扇形齿轮;4—齿轮

2.双凸轮放大行程机构

如图 4.26 所示,齿轮 2 和凸轮 3、5 曲线槽的升程与旋向决定杆 6 的位移。当主动齿轮 1 转动时,凸轮既转动也移动,从动杆 6 的往复移动的行程由凸轮 3、5 的转动和移动两者合成,设凸轮 3、5 的升程分别为 s_3、s_5,杆 6 的移动距离为 s_6,当滚子在图示位置时,$s_6 = s_3 \pm s_5$,两凸轮的曲线槽同向时,上式为正号,用于行程放大;反向时为负号,用于行程缩小。

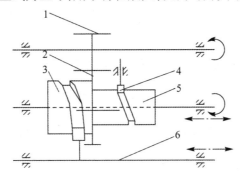

图 4.26 双凸轮放大行程机构

1,2—齿轮;3,5—凸轮;4,6—从动件

3.多杆放大行程机构

图 4.27 所示为六杆放大行程机构,由曲柄摇杆机构 1-2-3-7 与导杆滑块机构 4-5-6-7 组成。导杆 4 与摇杆 3 固接,曲柄 1 为主动件,从动件 6 往复移动。如果采用曲柄滑块机构来实现,则滑块的行程受到曲柄长度的限制。而该机构在同样曲柄长度条件下能实现滑块的行程放大。此机构可用于梳毛机堆毛板传动机构。

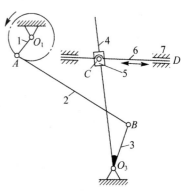

图 4.27 六杆放大行程机构

1—曲柄;2—连杆;3—摇杆;4—导杆;
5—滑块;6—从动件;7—机架

4.3 机构选型

所谓机构的选型,就是利用发散思维的方法,将前人创造发明的各种机构按照运动特性或动作功能进行分类,然后根据设计对象中执行构件所需

要的运动特性或动作功能进行搜索、选择、比较和评价,选出执行机构的合适形式。由 3 个构件组成的凸轮机构、齿轮机构即为基本机构。对于平面连杆机构而言,除原动件和机架外,只含有一个杆组的连杆机构称为基本机构。

4.3.1 机构的选型方法

(1)按照执行构件所需的运动特性进行机构选型

这种方法是从具有相同运动特性的机构中,按照执行构件所需的运动特性进行搜寻。当有多种机构均可满足所需要求时,则可根据上节所述原则,对初选的机构形式进行分析和比较,从中选择出较优的机构。表 4.4 给出了常见运动特性及其对应机构。

表 4.4　常见运动特性及其对应机构

连续转动	定传动比匀速	平行四边形机构、双万向联轴节机构、齿轮机构、轮系、谐波传动机构、摆线针轮机构、摩擦轮传动机构、挠性传动机构等
	变传动比匀速	轴向滑移圆柱齿轮机构、混合轮系变速机构、摩擦传动机构、行星无级变速机构、挠性无级变速机构等
	非匀速	双曲柄机构、转动导杆机构、单万向连轴节机构、非圆齿轮机构、某些组合机构等
往复运动	往复移动	曲柄滑块机构、移动导杆机构、正弦机构、移动从动件凸轮机构、齿轮齿条机构、楔块机构、螺旋机构、气动、液压机构等
	往复摆动	曲柄摇杆机构、双摇杆机构、摆动导杆机构、曲柄摇块机构、空间连杆机构、摆动从动件凸轮机构、某些组合机构等
间歇运动	间歇转动	棘轮机构、槽轮机构、不完全齿轮机构、凸轮式间歇运动机构、某些组合机构等
	间歇摆动	特殊形式的连杆机构、摆动从动件凸轮机构、齿轮-连杆组合机构、利用连杆曲线圆弧段或直线段组成的多杆机构等
	间歇移动	棘齿条机构、摩擦传动机构、从动件做间歇往复运动的凸轮机构、反凸轮机构、气动、液压机构、移动杆有停歇的斜面机构等
预定轨迹	直线轨迹	连杆近似直线机构、八杆精确直线机构、某些组合机构等
	曲线轨迹	利用连杆曲线实现预定轨迹的多杆机构、凸轮-连杆组合机构、行星轮系与连杆组合机构等
特殊运动要求	换向	双向式棘轮机构、定轴轮系(三星轮换向机构)等
	超越	齿式棘轮机构、摩擦式棘轮机构等
	过载保护	带传动机构、摩擦传动机构等

利用这种方法进行机构选型,方便、直观。设计者只需根据给定工艺动作的运动特性,从有关手册中查阅相应的机构即可,故使用普遍。

（2）按照动作功能分解与组合原理进行机构选型

任何一个复杂的执行机构都可以认为是由一些基本机构组成的,这些基本机构具有表4.5所示的进行运动变换和传递动力的基本功能。表4.5给出了基本功能的表示符号。

表 4.5　基本功能的表示符号

基本功能	表示符号	基本功能	表示符号
运动形式变换	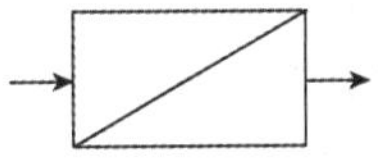	运动合成	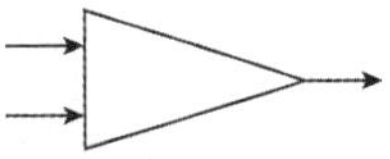
运动方向交替变换	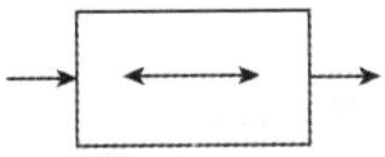	运动分解	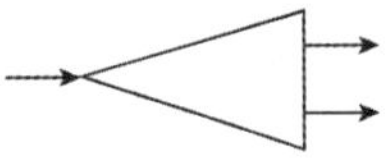
运动轴线变向	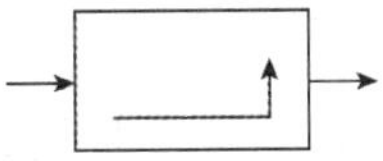	运动脱离	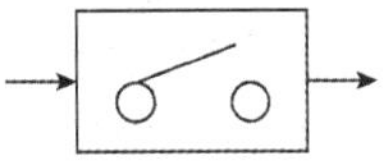
运动放大（位移或速度）	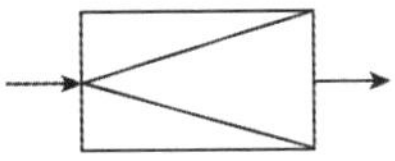	运动连接	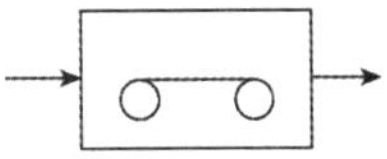
运动缩小（位移或速度）	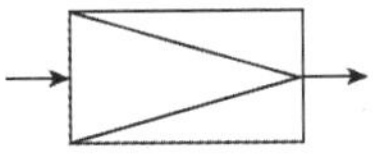		

在根据生产工艺和使用要求进行执行机构设计时,可首先认真研究它需实现的总体功能,一般情况下,总体功能可以分解成若干分功能,即总体功能 U 是由若干个分功能 U_i 组成的。

4.3.2　机构的组合方式

机构的组合方式分为机构的串联组合、机构的并联组合和机构的混接式组合。

1.机构的串联组合

将两个或两个以上的单一机构按顺序连接,每一个前置机构的输出运动是其后续机构的输入运动,这样的组合方式称为机构的串联组合(图4.28)。

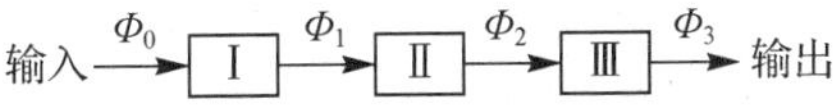

输入 $\xrightarrow{\Phi_0}$ Ⅰ $\xrightarrow{\Phi_1}$ Ⅱ $\xrightarrow{\Phi_2}$ Ⅲ $\xrightarrow{\Phi_3}$ 输出

图 4.28　机构的串联组合

1）构件固接式串联

若将前一机构的输出构件和后一机构的输入构件固接,串联组成一新的复合机构,这称之为构件固接式串联。将匀速运动机构作为前置机构与另一机构串联,可以改变输出运动的速度和周期;将一非匀速运动机构作为前置机构与工作机构串联,则可改变机构的速度特性;由若干个子机构串联组合可得到传力性能较好的机构系统。

2）轨迹点串联

假若前一个基本机构的输出为平面运动构件上某一点 M 的轨迹,通过轨迹点 M 与后一机构相连,这种连接方式称为"轨迹点串联"。

2.机构的并联组合

以一多自由度机构作为基础机构,将1个或几个自由度为1的机构(可称为附加机构)的输出构件接入基础机构,这种组合方式称为机构的并联组合。

机构的并联组合的几种常见方式如图4.29所示。

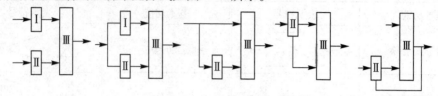

图4.29 机构的并联组合

3.机构的混接式组合

综合运用串联-并联组合方式可组成更为复杂的机构,此种组合方式称为机构的混接式组合。

4.3.3 执行构件的运动形式

旋转运动:连续旋转运动,间歇旋转运动,往复摆动。

直线运动:往复移动,间歇往复移动,单向间歇直线移动。

曲线运动:执行构件上某一点做特定的曲线(轨迹)运动。

刚体导引运动:一般指非连架杆的执行构件的刚体导引运动。

特殊功能运动:如微动、补偿、换向等。

4.3.4 机构选型的基本要求

(1)满足工艺动作及其运动规律的要求。高副机构、低副机构、注意约束在机构中的作用,适当设置调整环节。

(2)机构的运动链要短。

(3)机构的传力性能要好,需注意传动角(压力角)、防止自锁、惯性力平衡。

(4)动力源的选择应有利于简化机构和改善运动质量。

4.3.5 执行机构运动协调设计

执行构件的布置,特别要考虑到控制此执行构件运动的机构的安装是否方便;与执行构件的连接是否方便;执行机构原动件布置的位置是否恰当等因素。原动件应尽可能接近执行构件;使各执行机构原动件尽可能集中布置在一根轴或少数几根轴上;各原动件应保持等速或定速比。

4.3.6 执行机构运动协调设计应满足的要求

(1)保证各执行机构动作的顺序性。

(2)各执行构件的动作在时间上同步。

(3)保证空间的同步性。

(4)保证系统各执行构件对操作对象的操作具有单一性或协同性。

（5）两个执行构件的动作之间应保持时间上的间隔,以避免动作衔接处发生干涉。

4.3.7　执行机构运动协调设计的分析计算

（1）各执行机构运动循环时间同步化计算:确定最大工作循环周期 T_{max} ;确定机械最小工作循环周期 T_{min} ;确定合理的机构系统的工作循环周期 T ;确定各机构分配轴的转速和工作行程的起始角。

（2）各执行机构运动循环空间同步化计算:合理确定各执行机构的运动错位角,避免空间上的干涉。

4.4　基于功能分析的机构系统运动方案设计方法

功能分析法是指将机械产品的总功能分解成若干功能元,求解功能元,将其组合,得到满足总功能要求的多种解决方案供评价选择,其特点是紧紧围绕功能分析、求解、组合寻找方案。满足产品的要求是设计的核心。

例:纸币分离工作原理,如图4.30所示。

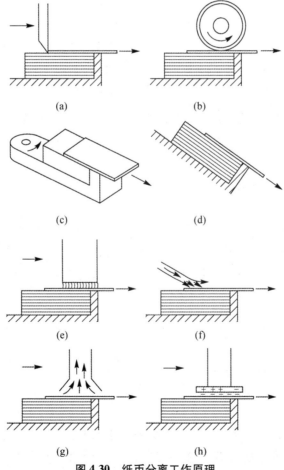

（a）　　　　　（b）

（c）　　　　　（d）

（e）　　　　　（f）

（g）　　　　　（h）

图4.30　纸币分离工作原理

要设计一台纸币点钞机实现自动点检钞票的总功能,可以构建将一叠纸币按图 4.30 所示的方法逐一分离后计数的工作原理;也可以采用将一叠纸币不分离而使每叠纸币适当地错位来计数的工作原理;还可以用量度一叠纸币的总厚度或总质量的工作原理。而每种工作原理又可以采取不同的手段,综合运用机、声、光、热、化学等各种"物理效应"去实现。

将总功能分解为功能元的目的是便于找到实现功能元的功能载体。设计功能载体是完成原理方案的重要设计环节。功能载体是具有可以完成某一功能属性的物体。物体的属性是多方面的,人们可以在一定条件下利用物体的某种属性来完成某些特定的功能。物体的属性包括物理属性、化学属性、运动属性、几何属性、机械属性等。

例如,利用一对渐开线齿轮瞬时传动比恒定的特性,可以实现定传动比传动的功能;利用一对齿轮的齿廓与包容这对齿轮的机壳间容积的变化这一特性,可制成齿轮泵或齿轮马达,实现泵或马达的功能。

因此,功能元求解的关键是在科学原理的基础上寻找尽可能多的功能载体。

当功能元的解法求出后,将各功能元的解合理地组合起来成为一整体,便形成实现系统总功能的原理解。

系统原理解可以用功能元解法——形态学矩阵求出。以系统的功能元为行,各功能元的相应解法为列,构成形态学矩阵。将各功能元的不同解法进行组合可以形成多个系统原理解,即得到多个原理设计方案。

在组合过程中应当注意以下两方面。

(1)组合在一起的各功能元的解应具有相容性,即各功能元的解在几何学、运动学、能量流、物理流和信息流上分析是相互协调的,不相互干扰,不相互矛盾,否则形成的方案应予以剔除。

(2)组合的方案从技术和经济效益上衡量具有先进性、合理性和经济性。

4.5　运动方案的评价

为了获得技术上可行,性能上先进,经济上合理,能可靠地实现要求的新方案、新产品,必须对创造出来的各种方案进行评价。

评价不仅是对方案的科学分析和总结,也是对方案的改进和完善。广义上讲,评价是产品开发必要的优化过程。

4.5.1　评价目标

评价目标即评价准则。产品和技术方案的评价目标包含以下 3 个方面的内容。

(1)技术评价,通常包括产品的工作性能指标、加工装配工艺性、使用维护性、技术的先进性等内容。

(2)经济评价,主要包括成本、利润、投资回收期等内容。

(3)社会评价,一般包括方案实施的社会影响、市场效应、节能、环保、可持续发展等内容。

4.5.2 评价方法

工程上用于方案评价的评价方法有很多,有专家打分法、淘汰法、各项评分法、技术经济评价法、综合评价法、价值工程评价法、模糊评价法等。

专家打分法是指通过匿名方式征询有关专家的意见,对专家意见进行统计、处理、分析和归纳,客观地综合多数专家经验与主观判断,对大量难以采用技术方法进行定量分析的因素做出合理估算,经过多轮意见征询、反馈和调整后,对产品价值和价值可实现程度进行分析的方法。专家打分法的适用范围:存在诸多不确定因素、采用其他方法难以进行定量分析的产品。专家打分法的程序:选择专家;确定影响产品价值的因素,设计价值分析对象征询意见表;向专家提供产品背景资料,以匿名方式征询专家意见;对专家意见进行分析汇总,将统计结果反馈给专家;专家根据反馈结果修正自己的意见;经过多轮匿名征询和意见反馈,形成最终分析结论。使用专家打分法应当注意的问题:选取的专家应当熟悉所设计产品市场状况,有较高权威性和代表性,人数应当适当;对影响产品价值的每项因素的权重及分值均应当向专家征询意见;多轮打分后统计方差如果不能趋于合理,应当慎重使用专家打分法结论。

专家评分法的特点:①简便,根据具体评价对象,确定恰当的评价项目,并制定评价等级和标准。②直观性强,每个等级标准用打分的形式体现。③计算方法简单,且选择余地比较大。④将能够进行定量计算的评价项目和无法进行计算的评价项目都加以考虑。

评分法是用分值大小作为衡量方案优劣的尺度,用分值对方案进行定量评价的方法。对于多个评价目标的系统,应先对各目标分别评分,经加权计算求得总分后再进行评价。

理想评分值可设为10分(或5分),评分标准可参考表4.6。

表 4.6 评分标准

0	1	2	3	4	5	6	7	8	9	10
不能用	差	较差	勉强可用	可用	中	良	较好	好	优	理想

对于具体产品,若能根据实际工作情况做出具体的评分标准,评分操作起来则更为方便,如表4.7所示。

表 4.7 4种常见机构性能的初步评价

性能指标	具体评价指标	评价			
		连杆机构	凸轮机构	齿轮机构	组合机构
功能	运动规律形式	任意性较差,只能达到有限个精确位置	基本上任意	一般定速比转动或移动	基本上可以任意
	传动精度	较高	较高	高	较高

性能指标	具体评价指标	评价			
		连杆机构	凸轮机构	齿轮机构	组合机构
工作能力	应用范围	较广	较广	广	较广
	可调性	较好	较差	较差	较好
	运动速度	高	很高	很高	较高
	承载能力	较大	较小	大	较大
	耐磨性	好	差	较好	较好
	可靠性	可靠	可靠	可靠	可靠
动力性能	加速度峰值	较大	较小	小	较小
	噪声	较小	较大	小	较小
	效率	较低	较高	高	较高
	平稳性	较差	较差	好	较好
经济性	制造难易	容易	困难	较难	较难
	制造误差敏感	不敏感	敏感	敏感	敏感
	调整方便性	方便	较麻烦	较方便	较方便
	能耗大小	一般	一般	一般	一般
结构紧凑	尺寸	较大	较小	较小	较小
	质量	较轻	较重	较重	较重
	结构复杂性	简单	复杂	一般	复杂

第 5 章
机械创新设计

创新设计是一种现代设计方法,它是研究设计程序、设计规律和设计思维与方法的一门新型综合性科学。在机械设计过程中,创新设计对更大程度上满足人类生产和生活的需要,促进经济的发展和社会的进步有非常重要的作用。

5.1 创新设计方法

5.1.1 创新设计的概念

机械创新设计(Mechanical Creative Design,MCD)是指充分发挥设计者的创造力,利用人类已有的相关科学技术成果(含理论、方法、技术、原理等),进行创新构思,设计出具有新颖性、创造性及实用性的机构或机械产品的一种实践活动。其目的是由所要求的机械功能出发,改进、完善现有机械或创造发明新机械实现预期的功能,并使其具有良好的工作品质及经济性。培养创新人才要做到如下几点。

(1)要勇于创新和善于探索,有信心、勇气和创意。

(2)要掌握创新原理和创新技法。通过学习和训练培养良好的创造心理,并要多思考多练习,将思维运用到实际中去,以提高创新的技法。

(3)要有创新的物质条件和精神条件。

(4)要有创新的意识,有较强的逻辑思维能力。创新不是空想,更不是不切合实际的想象,应该拥有创新的意识和较强的逻辑思维能力,能够把感性认识上升到理性认识,能够透过现象看其内在的本质,而且不能将思维停留在过去或现有的模式中,这样才可能创造出新颖先进的产品。

(5)加强创新实践。在实践中锻炼创新能力更胜于学习理论知识。创新设计实践包括了解问题、设计方案和执行方案 3 个阶段。

5.1.2 创新设计的分类

机械创新设计通常分为以下几种类型。

（1）开发性设计。开发性设计指在工作原理、结构等完全未知的情况下，针对新任务提出新方案，开发设计出以前没有的新产品。

（2）变型设计。变型设计包括转用创新，指将已有的成熟的技术和结构进行适当变异，设计出使用领域更广的产品。

（3）适应性设计。适应性设计亦称反求设计，指针对已有的产品设计，在消化吸收的基础上，对产品做局部变更或设计出一个新部件，使产品更能满足使用要求。

（4）组合创新设计。组合创新设计指将已有的零部件组合成为一种新产品，实现一种新的整体功能。例如，世界上的第一辆汽车就是组合创新的优秀成果，它是将汽车时代以前就有的转向装置、刹车装置、弹簧悬架等组合在一起成为新的交通工具。组合创新设计要求组合后的产品在性能上具有 1+1>1 的效果，而在结构上则为 1+1<1。

通过变异创新，适应性设计在吸取中创新，组合创新设计则是在结构或机构的综合上创新。总之，创新是各种创新设计的共同点。

5.1.3　创新设计的特点

机械创新设计具有以下特点：

（1）创新设计是有目的、有约束的创造活动。它以满足社会需要为出发点，为社会提供实现预期功能的产品。因此创新设计的创造模式为，基于社会需要进行设计以完成预期功能的产品。

（2）创新设计离不开继承。创新设计当然要求不断地更新换代，但是任何一种创新设计都是在前人设计或是理论的基础上进行改造、创新发展起来的，是"继承+创新"的成果。

（3）创新设计的模糊性。创新设计的过程不如传统的再现性设计那样明确。因此在进行课题设计时，必须先进行需求调查，考虑已有条件分析其可行性，然后进行创新思维，所以说创新设计是一个探索的过程。

机械创新设计并不是一次就可以完成的，要不断地进行尝试、进行推理，从多种设计方案中选择最优的设计方案，确保机械创新设计的创新性、实用性、科学性、合理性。

5.2　机械创新设计思维

机械创新设计依赖于创造性的思维，世界上现存的机械，都是创造性思维的成果。创造性思维不同于在设计领域常用的逻辑思维，其主要在于有创造想象的参与，而且创造性思维是一种立体思维，通常没有固定的延伸方向，它更加强调直观、联想、幻想和灵感，所以创新设计不是靠逻辑推理出来的，而是靠创造性思维的激发产生的。

5.2.1　创造性思维

创造性思维是指突破原有的思维模式，重新组织已有的知识、经验、信息和素材等要素，在大脑思维反应场中超序激活后，提出新的方案或程序，并创造出新的思维成果的思维方式。

机械创新设计思维主要有以下几方面特征。

(1)自由性。在科学技术快速发展之下,机械市场瞬息万变,对机械的设计思维应打破传统设计思维的约束,要遵循机械的发展规律自由地去探索、去思考,并不局限在科学的活动范围内,提倡打开思维,从自由思维中寻求真理、寻求科学,消除自身思想的束缚,不断地突破自我,不断地对机械设计进行创新。

(2)开放性。对于机械设计思维来说,不能有坐井观天的思想,要打破这层封闭思想和思维的障碍,放开思维,去探索更加广阔的天地,对机械的设计进行开放性思考,不仅要注重机械内部系统的设计研究,而且要分析外在环境的影响,并寻找更好的创新设计思路。

(3)多向性。在对机械进行创新设计的过程中,不能将创新思路局限在同一条思维路线上,应从多方向来思考问题。知识是有限的,而人的想象力却是无限的,从多个方向去思考问题,会得出多个结论,这对未来机械设计的发展起到极大的作用。

5.2.2 机械创新设计思维的基本形式

机械创新设计思维的基本形式有发散型思维、聚合型思维、灵感思维、想象思维。

(1)发散型思维。发散型思维就是在思维过程中,通过所得到的若干概念的重新组合,大胆地向四周辐射,扩散出两个或更多个可能的答案、设想或解决方式。发散型思维,就是不墨守成规,不拘泥于传统,对所思考的问题标新立异,达到"海阔天空""异想天开"的境界;发散型思维能力的高低,取决于知识面和想象力。发散型思维具体表现形式有立体思维、多路思维、反向思维、相关思维等。发散型思维所追求目标是获得尽可能多、尽可能新、尽可能独创的答案,它为机械创新设计提供了多种可能。

(2)聚合型思维。聚合型思维就是以某个思考对象为轴,从不同的方向和不同的角度,将思维指向这个中心点以供选择,达到解决问题的目的。聚合型思维要求思维具有概括性、及时性、正确性;聚合型思维能力的高低,取决于个人的分析、综合、抽象、概括和判断推理能力强弱。发散型思维和聚合型思维都是创造性思维的重要组成部分,两者互相联系、密不可分,任何机械创新设计都必然从发散思维到聚合思维,再从聚合思维到发散思维,多次循环往复,直到解决问题或创造性思维形成。

(3)灵感思维。灵感是指经过长期的思考和探索之后,受某种现象的启发,在头脑中突然闪现的独创性的意念或设想。它是人们的创造活动达到高潮后出现的一种最富有创造性的飞跃思维的智能状态。灵感是思维的迅速升华与高级浓缩,是过程的省略;灵感既是一种思维形式,又是大脑加工信息的一种高层次功能。

(4)想象思维。想象是一种抽象的形象思维活动,想象可以是非理性的凭空想象,也可以是理性的在已有确定性基础上进行重新组合或部分更新性质的想象。想象思维具有以客观现实为基础,具有高度概括性和形象性及重新组合与再创造等特点。

5.3 机械创新设计原理

创新和创造是人类一种有目的、有约束的探索活动,在长期的创新实践中总结了基本的创新原理和方法,这些原理和方法为从事机械创新设计的人员提供了必要的参考。

5.3.1 综合创新原理

机器由机构要素(如齿轮、齿条、链轮、链条、皮带、连杆、螺丝、凸轮等)综合而成;但是,用上述的机构要素并不能随意地拼凑成一部机器,因为一部机器有其内在的组合、合成规律。而综合的真正意义就是指将研究对象的各个方面、各个部分和各种要素有机地联系起来,从而从整体上把握事物的本质和规律。

综合创新,是运用综合法则的创新功能去寻求新的创造。其基本模式如图5.1所示。

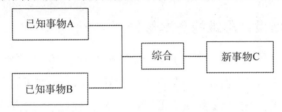

图 5.1 综合创新模式

在进行机械创新设计的过程中要注意,并不是任何的综合都能产生新的机械创新设计产品。例如将台钻用螺钉固定在车床的床头箱顶盖上,虽然是一种综合,但不是一种创新设计产品。因为综合不是将对象的各个构成要素简单相加,而是将其按内在联系合理地组合起来,使综合后的整体作用导致创新性的发现,这才实现了组合后的产品在性能上具有 1+1>1 的效果,而在结构上则为 1+1<1。当然在机械创新设计实践中不乏综合创新的实例。

例如,现在广泛应用的同步带传动,就是将啮合传动与摩擦带传动技术综合而产生的,它具有传动功率大、传动准确等优点。综合创新比起开发创新在技术上更具有可行性,是一种广泛使用的创新思路。

5.3.2 分离创新原理

分离创新原理与综合创新原理相对应,思路相反。它是把某个创造对象分离或离散为有限个简单的局部,把问题分解,把主要矛盾从复杂现象中分离出来解决的思维方法。分离创新模式如图5.2所示。

图 5.2 分离创新模式

分离创新原理在数学、力学和机械行业等领域得到广泛应用。例如在机械行业,组合夹具、组合机车、模块化机床就是分离创新原理的运用。

机械设计过程中,一般都是将问题分解为许多子系统和单元,对每一个子系统和单元进行分析和设计,然后综合,分离创新原理则与其思路相反。脱卸式衣服、隐形眼镜都是分离创新的实例,还有很多的例子告诉人们分离创新原理的方法和可行性。然而在实际创新设计过程中要知道,分离与综合虽思路相反,但往往要相辅相成,要考虑局部与局部、局部与整体的关系,分中有合、合中有分。

5.3.3　移植创新原理

把一个研究对象的概念、原理和方法等运用于或渗透到其他研究对象,而取得成果的方法,就是移植创新。

移植方法一直都应用于植物的移植嫁接、医疗领域的人体器官移植等。同样,在科学技术的发展过程中,移植方法也是一种应用广泛的创新原理。在实际创新设计中,通过把某一科学领域的新发现、新技术或基本原理移植到另一科学领域或者是将一门或几门科学的理论和研究方法综合、系统地移植到其他学科领域之中,以获得科学技术的发展,从而得到更多创新的成果。

还应该明确移植创新的定义,如拉链广泛应用于服装领域,如果将拉链应用在书包上,这并不能算得上是移植创新。因为这是显而易见的事,而且两个领域跨度很小。一般来说,在移植创新过程中两个技术领域相距越远、移植的难度越大,就相应地会产生更高水平的创新设计。

移植的原理方法和大量的创新实践证明,移植原理能促进思维发散,只要某种科技原理转至新的领域具有可行性,通过新的结构或新的工艺,就可以产生创新。

5.3.4　逆向创新原理

在进行机械创新设计的过程中,逆向思维也占据非常重要的地位。我国自古流传司马光砸缸的故事,就是逆向思维方法的经典例子。

逆向创新原理是从反面,从构成要素中对立的另一面思考,将通常思考问题的思路反转过来,寻求解决问题的新途径、新方法。逆向创新法又称反向探求法。

反向探求法一般有 3 个主要途径:功能性反向探求、结构性反向探求和因果关系反向探求。

创新思维具有独创性、联动性、多向性、综合性、和洞察力 5 个特点。其中的逆向连动思维形式十分重要。习惯性思维是人们创新设计中的障碍,它往往束缚人的思路。应该能突破这种习惯的束缚,多问为什么,发现问题,可以试着把问题颠倒,反向探求,也许可以得到创新性的收获。

5.3.5　还原创新原理

机器或机构的设计具有多解性,一般可以选择最简单、经济的方案来实现目的。必要时需要创新设计,此时只需抓住本质,而不必局限于在原有基础上的改进,这就用到了还原创新原理。

还原法则又称抽象法则,即回到根本、回到事物的起点。还原创新模式是暂时放下所研究的问题,反过来追根溯源,分析问题的本质,从本质出发另辟蹊径进行创新的一种模式。还原换元是还原创新的基本模式。所谓换元,是通过置换或代替有关技术元素进行创造。在实际创新实践中可以理解为灵活地变换影响事物质和量的诸多因素的某一个或某些,从而产生大量的创新思路。

5.3.6 价值优化原理

任何机械产品的创新设计都是在寻找最优方案,在方案的制订和筛选中,要综合考虑产品的实用性、工艺性、经济性等因素。其中的价值优化也是一种创新过程。

价值工程就是揭示产品的价值、成本、功能之间的内在联系。它以提高产品的价值为目的,提高技术经济指标。它最早是美国开始研究的。在设计、研制产品时,设计研制所需成本为 C,取得功能为 F,则产品的价值 V 为

$$V = \frac{F}{C} \tag{5.1}$$

可见,产品的价值与其功能成正比,而与其成本成反比。设计创造具有高价值的产品,是人们追求的目标。价值优化或提高价值的指导思想,也是创造活动应遵循的理念。但优化设计并不一定每项性能指标都达到最优,一般可寻求一个综合考虑功能、技术、经济、使用等因素后都满意的系统,有些从局部看来不是最优,但从总体来看是相对最优。

以上介绍了创新基本原理,在实际创新设计中,要熟知这些原理和技法。但是这些创新原理和创新技法难免存在一定的局限性,要明白真正的科学规律存在于事物之中,多从实践中来理解这些原理并得到直观的结论,不能受到已有原理的束缚,打破思维定式,才能创新。

5.4 常用机械创新途径

在进行机械创新设计时,第 1 步就是要分析社会大众的需求,否则再好的创新设计都没有生命力;第 2 步就是要考虑到所研究的课题是否科学、实用;第 3 步才是通过不断的实践掌握创新设计的方法,这样才能最终实现创新设计的目的。常用的机械创新的途径有以下几种。

5.4.1 缺点列举法

如果有意识地将你所熟悉的事物的缺点一一列举出来,并进行分析,随时做笔记记录,找出感受最深、最急需解决而又可能解决的问题,对症下药,作为创新发明的选题,这样便有可能创新,这种创新技法就叫作缺点列举法。

要使用这种方法进行创新设计,就要做到在生活中注意身边的事物的缺点与不足;提出缺点;就分析整理缺点,确定创新目标;最关键的当然是对主要缺点进行改进,运用各种创新思维与技法进行创新设计。

5.4.2 希望点列举法

希望是人们内心期待达到的某种目的或期待出现的某种情况,是人类需求心理的反映。

人们总是不满足于现状,对未来充满希望和向往。希望代表人们的某种新企盼,希望点的背后隐藏着事物的新问题和新矛盾。将这些希望予以具体化,并列举、归类和概括出来,往往就成为一个可选的发明课题。

5.4.3 系统设问法

针对事物系统地罗列问题,然后逐一加以研究、讨论,多方面扩展思路,就像原子的链式反应那样,从单一物品中萌生出许多新的设想,这就叫作系统设问法。系统设问法可以从以下方面入手。

1.转化

转化就是根据存在的物品,设想其本身或经过稍微改变后是否能有其他的用途。

例如,水井打水用的手动唧筒(图5.3(a))就是滑块四杆机构(图5.3(b))的应用实例。

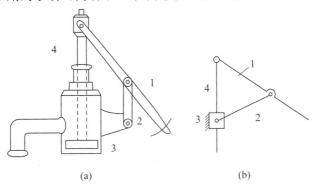

(a)   (b)

图 5.3 手动唧筒

2.引申

根据已知事物设问是否有与其相似的物品,从而引申设想出另一事物,得到创新。

港口用的起重机就是由双摇杆机构引申来的,如图5.4所示,当 AB 杆摆动时,CD 杆也摆动,连杆 CB 上的 E 点做近似的水平运动,使其在起吊重物时减少能量的损失。

3.改变

设问改变已知事物的颜色、形状、气味、式样等特征时,能否产生创新。图5.5所示为车门启闭机构,利用反平行四边形引申而来。其运动特点为构件1、3做转向相反的转动,保证左、右车门同时启闭。

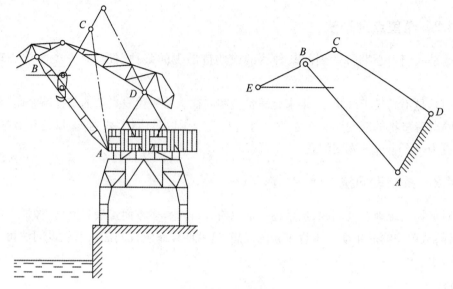

图 5.4　港口起重机

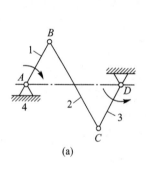

(a)

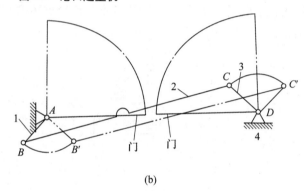

(b)

图 5.5　车门启闭机构

4.放大或缩小

设想将现存的事物,经过按比例放大或缩小或是单向放大或缩小,能否得到新的事物。

汽车出现后,下雨天开车时雨水会遮住驾驶员的视线。为此有人利用"放大或缩小"这一方法设计出了图 5.6 所示的汽车前窗刮雨器。它是利用曲柄摇杆机构将摇杆的一端延长,利用摇杆延长部分的往复摆动实现刮雨动作。

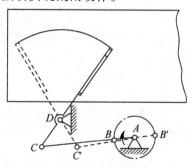

图 5.6　汽车前窗刮雨器

5.复杂

设想在一个物品上加上别的东西,从而获得更加良好的性能和功能等,实现创新。例如图 5.7 所示的星形发动机。它由 6 个曲柄滑块机构组成,6 个活塞的往复运动同时通过连杆传给公用曲柄 A,其输出传动是 6 个曲柄滑块机构输出传动的代数和,与单缸发动机相比,其输出扭矩波动小,可以部分或全部消除振动力。

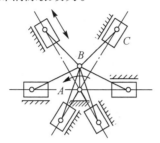

图 5.7　星形发动机

6.精简

精简就是设想从一物品上精简掉一部分,减轻其重量或复杂程度,从而设法得到创新的一种方法。

在实际创新设计实践中可以在机构中,将运动副精简,用柔性关节代替铰链,用结构本身的预期弹性变形来实现运动和力的传递。图 5.8 所示的柔性四杆机构和图 5.9 所示的手动夹钳即为新的柔顺机构,它没有刚性运动副,不需装配,不需润滑,具有体积小、重量轻、制造和维修费用低、使用寿命长等优点。

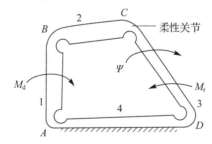

图 5.8　柔性四杆机构

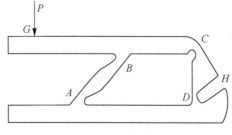

图 5.9　手动夹钳

7.代替

设想用一种物品来代替正在使用的物品,或是用其他材料、成分、过程或方法来代替此物品的材料、成分、过程或方法,从而得到一种创新。例如在曲柄滑块机构中,若需要曲柄较短,或需要滑块行程较小,这时可以使用盘状结构代替曲柄,这样就得到了偏心轮机构。偏心轮机构在剪床、冲床及颚式破碎机等机械设备中得到广泛应用。

8.重组

设想将一个物体的组成部分进行调换、重组,或是以一定的条件改变序列、因果关系和速率等,以产生一种新事物。

9.颠倒

设想将一种结构或功能正反互换来实现更多、更好的功能或是产生一种新结构。如图 5.10 所示的可逆式折叠椅就是利用这种方法设计的,其椅面和靠背正反面分别做成硬的和软的两面,可以翻转,夏天坐硬面,冬天坐软面。

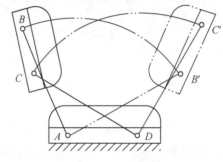

图 5.10   可逆式折叠椅

10.组合

设想将已知的物体与另一物体按照适当的方式组合起来,以加大其功能或是得到另一新事物。如图 5.11 所示的织布机开口机构,它由曲柄滑块机构和转动导杆机构串联组合而成。曲柄 1 以等角速度转动时,机构 5 就能实现停歇运动。

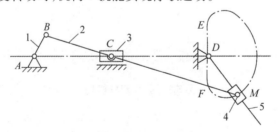

图 5.11   织布机开口机构

1—曲柄;2—连杆;3,4—滑块;5—导杆

在实际机械创新设计实践中,运用系统设问法时应该以上述十个方面为参照,大胆地提出设想,如果能像上述例子一样找到解决问题的答案,就可以作为创新设计的选题。

5.4.4   信息联想法

要提高创新能力,必须收集信息、利用信息。将每天耳闻目睹的大量信息加以筛选,从中挑出新的、奇的、与技术有关的科学发现和技术发明,通过思维加以联想,往往可以产生或提出一个新的发明问题。这种方法叫作信息联想法。

联想的方式有：由一事物联想到空间或时间上与其相连通的另一事物；联想到与其对立的事物；联想到与其有类似特点(如功能、性质、结构)的另一事物；联想到与其有因果关系的另一事物；联想到与其有从属关系的另一事物；等等。

5.4.5 专利文献选读法

从事机械创新设计，可以选择专利文献为主要媒体来获取信息，专利文献是最有代表性、数量最大的情报信息来源。通过阅读大量的专利文献，即可掌握现有发明的内容和思路，了解最新的发明成果，避免重复他人的工作和侵权行为，又可对不完善的部分加以改进，将其作为新的课题，进行再发明。

5.4.6 集思广益法

集思广益法是美国创造工程学家奥斯本于 1945 年首次提出的，原文是"brain storming"，直译就是"头脑风暴"。这种方式以开小型的交流讨论会来进行，会后对会上的各种设想进行整理评价，选择最优的设想付诸实施。

在进行创新设计时，要联系实际需要，根据事物的品质、构造、功能、特征对各种构想或方案进行分析、比较、判断，先分析出最佳的方案，然后再运用创新的逆向思维和正向思维，对问题进行类比、综合、联想，集思广益，同时反复地进行绘图、试验、制作样品和模型，并不断地改进，一个发明才有可能真正的完成。

5.5 机械创新设计过程

设计过程是指从明确设计任务书到编制技术文件所进行的整个工作流程。机械设计的思路一般为：产品规划→原理方案设计→技术方案设计→改进设计。下面对比常规机械设计的一般过程来说明机械创新设计的一般过程。

5.5.1 常规机械设计的一般过程

常规机械设计的一般过程可以分为 4 个阶段。

(1)机械总体方案设计。设计者根据设计任务书的要求，广泛收集同类机械或相近机械的性能参数，使用情况，优缺点等技术和数据，而后便可进入机械总体方案设计阶段。机械总体方案设计在很大程度上决定未来机械的面貌，对机械的性能成本有很大影响。

(2)机械的运动设计。设计者根据设计任务书的要求，对选定的一种设计方案进行运动综合，以满足根据机械的用途、功能和工艺条件而提出的运动规律、机构的位置或某点轨迹的要求。机械运动设计的内容包括机构主要尺寸的确定，机械运动参数的分析，传动比的确定与分配等。

(3)机械的动力设计。在运动设计的基础上，确定作用在机械系统各构件上的载荷并进行机械的功率和能量计算。机械动力设计的内容包括动力分析、功能关系、真实运动求解、速度调节和机械的平衡等。

（4）机械的结构设计。结构设计的任务是根据机械中各构件的工况参数和失效形式,选定的材料种类和热处理方式,确定其合理的几何形状和机构尺寸,即把机构运动简图中用符号表示的所有构件都绘制成具体的零件工作图、部件装配图和机械的总装图。

5.5.2　机械创新设计的一般过程

机械创新设计是相对常规设计而言的,它特别强调人在设计过程中,特别是在总体方案结构设计阶段中的主导性及创造性作用。MCD 是一门有待开发的新的设计技术和方法。虽然技术专家们采用的工具和建立的结构学、运动学与动力学模型不同,但其实质是统一的。综合起来,MCD 基本过程主要由综合过程、选择过程和分析过程组成。

图 5.12 所示为机械创新设计的一般过程,它分为 4 个阶段。

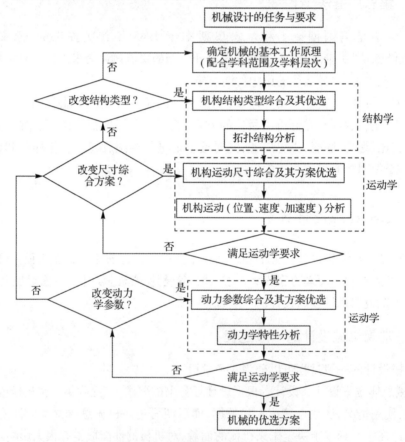

图 5.12　机械创新设计的一般过程

（1）确定(选定或发明)机械的基本工作原理。它可能涉及机械学对象的不同层次、不同类型的机构组合,或不同学科知识、技术的问题。

（2）机构结构类型综合及其优选。优选的结构类型对机械整体性能和经济性具有重大影响,它多伴随新机构的发明。

（3）机构运动尺寸综合及其方案优选。其难点在于求得非线性方程组的完全解(或多解），为优选方案提供较大的空间。

（4）动力参数综合及其方案优选。其难点在于参数量大、参数值变化域广的多维非线性动力学方程组的求解，这是一个亟待深入研究的课题。

完成上述机械工作原理、结构学、运动学、动力学分析与综合的四个阶段，便形成了机械设计优选方案。然后进入机械结构创新设计阶段。主要解决基于可靠性、工艺性、安全性、摩擦学的结构设计问题。

机械创新设计能充分发挥设计者的创造力，利用人类已有的相关科学技术成果进行创新构思，设计出具有新颖性、创造性及实用性的机构或机械产品。它一方面改进完善了生产或生活中现有机械产品的技术性能、可靠性、经济性、适用性等；另一方面通过创造设计出新机器、新产品，以满足新的生产或生活的需要。

5.6 机械创新设计实例——便携式户外遮阳伞设计

户外遮阳伞发展到现在，已经形成了独具特色的遮阳伞系列。但目前户外遮阳伞还是只能靠人工搬运与安装，方便性不高。而且国内外市场一直未曾将眼光放到户外遮阳伞的自动化实现上，这使得户外遮阳伞在自动化和便携式的开发路线上迟迟得不到发展。本研究正是在这个自动化时代与落后的传统户外遮阳伞的激烈碰撞中产生的，它使得便携式户外遮阳伞用于轻装家庭沙滩派对和公司野外聚餐成为可能，同时也省去了传统户外遮阳伞烦琐的安装与固定过程，解放了人们的双手，提高了80%的遮阳伞使用效率。随着2017年中国本土市场的迅速崛起，以及近年来市场消费能力的快速提升，传统的低廉伞具已经无法满足市场的多元化需求。本设计更符合高端消费人群的品位，迎合了市场的崭新需求。未来的遮阳伞市场，一定是趋于高附加值与高科技含量的遮阳伞市场，它顺应自动化信息化大时代的价值导向。

5.6.1 固定装置的设计

1.钉盘的相关设计

1）钉盘的材料及选取

对于钉盘材料的选取，地钉材料要求如下：有一定的抗氧化性，且地钉需有一定的强度，不易折弯，耐腐蚀且有一定的抗拉和抗风能力。经过对目前市场上的地钉材质的筛选，设计者从钢钉、铝材钉、钛合金地钉、高强度尼龙地钉等中选取了最合适的尼龙地钉。

对于高强度尼龙地钉，其特点为：机械强度高、韧性好，有较高的抗拉、抗压强度。其耐腐蚀，十分耐碱和大多数盐液，还耐弱酸、机油、汽油，耐芳烃类化合物和一般溶剂，对芳香族化合物呈惰性。其能抵御汽油、油、脂肪、酒精、弱碱等的侵蚀和有很好的抗老化能力。其质量超轻，不会生锈，且不易弯曲，很适合沙滩、水泥地、草地等地况，性价比比较高。

因此选取高强度的尼龙地钉比较好，其具有良好的性价比。

2)钉盘设计

对于结构设计,钉盘采用圆形外观,在其圆周固定有 10 个钉子,其中 6 个小型钉子,4 个大型钉子,钉子外周有螺纹结构,钉子和圆锥盘采用螺纹传动,钉盘固定在机身上,螺纹盘有内螺纹,和锥齿轮啮合传动。钉盘结构如图 5.13 所示。

对于工作原理,钉盘传动系统分为钉盘、传动齿轮与带传动部分,钉盘内部的四周分布着大小不同的粗细螺丝钉,钉盘上有含内螺纹的锥齿盘,锥齿盘的内螺纹与螺丝钉的外螺纹形成螺纹传动,当锥齿轮带动锥齿盘转动时,锥齿盘也就带动钉子转动,从而使钉子插入泥土,而锥齿轮的转动靠电动机与它之间的带传动联结。

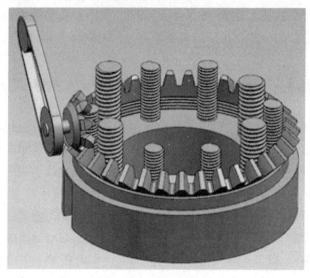

图 5.13 钉盘结构

3)螺旋传动中螺纹牙型的选择及螺杆材料的选取

梯形螺纹牙型为等腰梯形,牙形角 $\alpha = 30°$,梯形螺纹的内外螺纹以锥面贴紧不易松动。矩形螺纹牙根强度低,锯齿形螺纹牙型不为等腰梯形,加工成本高。从实用性考虑,故选梯形螺纹,它的基本牙型按 GB/T 5796.3—2005 的规定。

由于此螺旋传动旋转速度低,表面受到的作用力较小,一般情况下螺杆的材料常使用 Q235、Q275、40、45、55 等。本设计中使用常见的 45 钢。

4)螺旋传动中螺杆直径的选择

根据规定,对于整体螺母,由于磨损后不能调整间隙,为使受力比较均匀,螺纹工作圈数不宜过多,故取 $\phi = 1.2 : 2.5$,但此处螺纹又兼有支承作用,所以 $\phi = 2.5 \sim 3.5$,这里取 $\phi = 3$。螺杆和螺母材料分别为钢和青铜,滑动速度为低速,得许用应力 $[p] = 18 \sim 25$ MPa。取 $[p] = 20$ MPa。摩擦因数在起动时取大值,校核是为安全起见,应以起动时为准,因为 $f = 0.08 \sim 0.1$,应取 $f = 0.1$。代入 $F = 1\ 000$ N,则有

$$d_2 \geqslant 0.8 \sqrt{\frac{F}{\phi [p]}} \tag{5.2}$$

得 $d_2 \geqslant 4$ mm,根据手册中的梯形螺纹的标准 GB/T 5796.3—2005,取螺纹公称直径 $d =$

30 mm,螺距 $P=2$。

因为本设计中采用的螺纹连接是不完全的 360° 啮合,根据设计实际情况,螺纹盘需要与多个螺杆进行啮合,又根据等效果代换,得到螺纹盘公称直径为 305 mm,其他尺寸:螺杆小径 $d_3 = 28.201$ mm,螺杆螺母中径 $d_2 = D_2 = 28.701$ mm,螺母大径 $D_4 = 29.201$ mm,螺母小径 $D_1 = 27.036$ mm,螺母高度 $H = \varphi d_2 = 86.103$ mm,故螺纹盘的高度也为 86.103 mm。

2.玻璃吸盘的设计

1)吸盘结构介绍及风力的选择与受力分析

本设计中使用一种新型的玻璃吸盘(图 5.14)。把手 2、扳手 3、水平器 4 在吸盘体 1 上,水平器 4 位于把手 2 前部,把手 2 位于扳手 3 前部;使用时,将吸盘体 1 置于玻璃片上,按住把手 2,扳动扳手 3,则吸盘就将玻璃片吸起来;在将玻璃片置入模具时,通过观察吸盘体 1 上面横、纵安装的两组水平器 4,将玻璃片调整至水平,置入到模具中;松开扳手 3,玻璃片就水平放置在模具中了。伞体受力如图 5.15 所示。

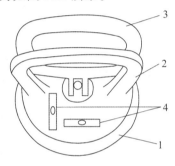

图 5.14 玻璃吸盘

1—吸盘体;2—把手;3—扳手;4—水平器

对于其工作原理,吸盘系统为一个大小适中的玻璃吸盘,上面有一根与齿条相连的连杆控制它的吸紧与放松,齿条与一个定直齿轮连接,当齿轮正转时,齿条上升,拉紧吸盘使之工作,当齿轮反转时,齿条下降,放松吸盘使之舒张。定直齿轮的转动由电动机控制。

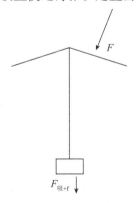

图 5.15 伞体受力

选取大型遮阳伞的吸盘要根据风力对伞体的影响来确定具体尺寸。青岛属于海边城市,属温带季风气候,有显著的海洋性气候特点,风力较大,所以以青岛为例。根据资料显示青岛的风力受海洋的影响较内陆为大。夏季主导风向南、东南,风力多为 3~4 级;冬季主导风向西北,风力多为 3~5 级;春秋季风向南、西南,风力多为 3~4 级;每年 1—5 月为大风季节,风速多为 5~10 m/s;7 月和 8 月多有海雾,风力减弱,多为 1~3 m/s,随每天的太阳变化从海洋吹向陆地,为典型的海风形式。其他月份风速稳定,所以选最大计算风力为 5 级。

日常一般风力不超过 5 级,在 5 级风力的条件下,风速最大为 10.7 m/s。应用动量定理

$$mv_1 - mv_0 = Ft \tag{5.3}$$

由实际情况测定,时间 t 取 0.01。

打在伞上的气流的质量为

$$1.293 \times \frac{9}{4\pi} \times 5.35 \times 10.7 = F \times 0.1$$

于是可得 $F = 5\,232$ N。

再对吸盘所在平面的中心点取矩

$$Fx_1 - F_{吸+f}x_2 = 0 \tag{5.4}$$

可得 $F_{吸+f} = 2\,137.2$ N。

2)吸盘型号的选择

为满足结构和强度的要求,取材选取了 $r = 0.18$ m 的玻璃吸盘。

3)强度检验

标准大气压为 1.01×10^5 Pa,由 $1.01 \times 10^5 \times s = 2\,137.2$ N,得 $s = 0.02$ m^2,所以吸盘半径

$$r = \sqrt{\frac{0.02}{\pi}} = 0.08 \text{ m} < 0.18 \text{ m}$$

故满足使用要求。

5.6.2 自动伞伸缩杆的设计

1.伞杆高度的选择

综合考虑伞的适用条件和适宜人群,以及所处地区的太阳高度,如果处于较高纬度带,太阳高度角略小,这样,伞的高度不宜太大,否则就失去了遮挡阳光的效果,对于较低纬度带,则伞的高度就显得比较随意了,可高可低,不用担心遮挡不住阳光。这时候就该考虑适宜人群,如果常驻成年人,伞的高度就要适当高一些,而换成是儿童,就把伞的高度调低。根据以上资料,确定遮阳伞的各项参数如下:伞杆伸长后的长度为 2 400 mm,伞杆收缩后的长度为 300 mm,伞杆节数为 10 节。

2.伞杆及内部弹簧的结构设计

弹簧的节距为 p,在自由状态下,各圈之间应有适当的间距 δ,以便弹簧受压时,有产生相应变形的空间。为了使弹簧在压缩后能使弹簧仍保持一定的弹性,设计时还应考虑在最大载荷作用下,各圈之间仍需保留一定的间距 δ_1,δ_1 的大小一般取为 $\delta_1 = 0.1d \geqslant 0.2$ mm。弹簧端面的结构采用 YI 型以保证两支承面与弹簧的轴线垂直,从而使弹簧受压时不致歪斜。$d > 0.5$mm 的弹簧,两支撑端面需磨平。磨平部分应不少于圆周长的 3/4,端头厚度一般不小

于 $d/8$，端面表面粗糙度应低于 $Ra = 12.5\ mm$。

3.圆柱螺旋弹簧的材料及许用应力

因为要求弹簧位于伞柄内，控制伞面的张开与闭合，所以要求弹簧具有高的弹性极限和疲劳极限，且具有足够的韧性和塑性。我们按第Ⅲ类弹簧来考虑，现选用硅锰弹簧钢作为材料，其显著提高了弹性极限，并提高了回火稳定性，有一定的耐疲劳和抗冲击性能，从而得到了良好的力学性能。这种材料经查表得许用切应力 $[\tau]$ 为 800 MPa，许用弯曲应力 $[\sigma_b]$ 为 1 000 MPa。其弹性好，稳定性高。

4.圆柱螺旋弹簧的设计

（1）根据安装空间初设弹簧中径 D，根据弹簧旋绕比 C 值估计弹簧丝直径 d，并由表查取 C，通常可取 $C \approx 5 \sim 8$（极限状态时不小于 4 或超过 16），算出曲度系数 K 值。

（2）根据安装空间初设弹簧中径 D，根据 C 值估计弹簧丝直径 d，并查取弹簧丝的许用应力。

（3）根据变形条件求出弹簧工作圈数。

（4）求出弹簧的尺寸 D_2、D_1 并检查其是否满足安装要求等，如果不符合，则应改选有关参数（如 C 值）重新设计。

（5）验算稳定性。对于压缩弹簧，其长度较大时，则受力容易失去稳定性，为了便于制造及其避免失稳现象，建议采用一般的压缩弹簧的长细比。

（6）疲劳强度和静应力强度的验算。对于循环次数较多、在变应力工作下的重要弹簧还应该进一步对弹簧的疲劳强度和静应力强度进行验算。

5.6.3　结论

该产品将手动支撑遮阳伞技术与自动伸缩伞的自动伸缩原理相结合，在此基础上开发出适用于沙滩、水泥地、草地等各种复杂地形的户外遮阳伞固定方式。同时，针对现有的遮阳伞功能单一的不足，该产品还加入并采用太阳能光伏技术，在伞箱下侧装配上了 3 个基于太阳能充电技术的 LED 灯和 USB 充电接口，使户外遮阳伞还可以成为夜用的家庭娱乐辅助用品，适合于家庭户外聚餐、公司派对等场合。该产品伸缩一体化的结构轻巧方便，自动化程度相对较高，便于安装、固定和携带，改变了传统的遮阳伞利用重物固定的方式，为现代人智能化的生活更能增添不少的活力，给人们的娱乐生活带来更多的精彩。

第6章
平面连杆机构运动学和动力学分析

6.1 概 述

随着生产的发展,机械的载荷和速度不断提高,各种实际应用对平面连杆机构提出了各种更高的要求,其中不仅包括运动学的要求,也包括动力学和机构方面的要求。如何设计出同时满足这些要求的平面连杆机构,长期以来一直是平面连杆机构研究中的一个重要课题。

对机构运动特性的研究最早是采用图解法来分析机构的运动学特性。图解法的优点是形象直观、作法一般较为简便,但精度不高、费时较多。对于高速机械和精密机械中的机构,用图解法做运动分析往往不能满足高精度的要求。图解法对于复杂机构是无能为力的。采用图解法对机构进行类型综合或尺寸综合的工作量更大,甚至无法做到。因此采用解析法对机构进行运动分析是一种简洁快速的方法。第一步是要建立机构的位置方程式,然后将位置方程式对时间求一次导数和二次导数,就分别获得了机构的速度和加速度方程。通过求解位移方程、速度方程和加速度方程,可得到所需要的位移、速度和加速度。

近年来,对平面连杆机构的研究,从设计要求上也不再局限于只满足运动学要求,而注意考虑机构的动力学特性,而且以提高连杆机构动力性能为目标的机构设计方法已经获得应用。从研究方法上看,优化方法和计算机辅助方法的应用已成为研究连杆机构的重要方法,并已编制出大量适用范围广、计算机时少、使用便捷的通用软件。随着计算技术的提高和现代数学工具的日益完善,很多用常规方法不易解决甚至无法解决的复杂平面连杆机构设计问题也逐步得到解决。

机构的运动分析和动力分析是研究机械性能的重要组成部分。通过机构的运动和动力分析,可以了解已有机构的运动特性和动力性能,便于合理、有效地使用各种现有机械,或根据机构性能为某些机械提供改进设计所需的相关数据,以便在改型时参考。设计新的机械时,进行机构的运动分析和动力分析,是设计师在设计过程中检查机构是否符合设计要求的必要步骤。通过分析,得到满足使用要求的数据,才能说明设计达到了要求。如果数据存在不足,可以进行修改。由此看来,机构的运动分析和动力分析是必要的也是非常重要的。这类方法要求学生掌握编程语言,如 MATLAB,Visual Basic,C 语言或者 C++语言。编程的任务是最终求得机构在一个工作循环内各构件的位移、速度和加速度的变化规律并用线图表示出来。解析法有很多,比较常用的有复数矢量法(method of complex vector)、矩阵法(matrix method)以及杆组法。

在对机构做动态静力分析时,需要先对机构做运动分析以确定在所要求位置时各构件的角加速度和质心加速度,再求出各构件的惯性力,并把惯性力视为加于构件上的外力,然后再根据各基本杆组列出一系列力平衡矢量方程。分析的顺序一般是由外力全部已知的构件组开始,逐步推算到未知平衡力作用的构件。

随着科技的发展,除了 MATLAB 等编程软件,越来越多简单易用的运动学仿真软件也逐渐地被我们所使用。ADAMS 就是一款使用起来非常方便的动力学仿真软件,它的出现使我们即使没有编程基础也可以建立模型进行分析。ADAMS 软件使用交互式图形环境和零件库、约束库、力库,创建完全参数化的机械系统几何模型,其求解器采用多刚体系统动力学理论中的拉格朗日方程方法,建立系统动力学方程,对虚拟机械系统进行静力学、运动学和动力学分析,输出位移、速度、加速度和反作用力曲线。

本章给出了使用 MATLAB 和 ADAMS 两种仿真方法进行的算例,读者可根据情况选用 MATLAB 或 ADAMS 完成仿真分析。

6.2 使用 MATLAB 进行铰链四杆机构运动学和动力学仿真

6.2.1 运动分析

已知各构件尺寸 l_1、l_2、l_3、l_4 以及原动件 1 的 AB 角位移 φ_1 和等角速度 ω_1,求构件 2 和构件 3 的角位移 φ_2、φ_3 及 角速度 ω_2、ω_3,角加速度 α_2、α_3。铰链四杆机构如图 6.1 所示。

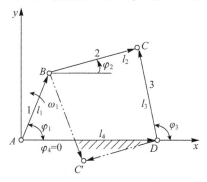

图 6.1 铰链四杆机构

1.建立数学模型

如图所示建立直角坐标系,机构的封闭矢量方程可写为

$$l_1+l_2=l_3+l_4 \tag{6.1}$$

将式(6.1)分别向 x、y 轴投影,得到

$$\begin{cases} l_1\cos\varphi_1+l_2\cos\varphi_2=l_3\cos\varphi_3+l_4 \\ l_1\sin\varphi_1+l_2\sin\varphi_2=l_3\sin\varphi_3 \end{cases} \tag{6.2}$$

此方程要求求解两个未知角度 φ_2、φ_3。

2.位置分析

为消去 φ_2，将左端含有 φ_1 的项移到等式右端，得到

$$\begin{cases} l_2\cos\varphi_2=l_3\cos\varphi_3+l_4-l_1\cos\varphi_1 \\ l_2\sin\varphi_2=l_3\sin\varphi_3-l_1\sin\varphi_1 \end{cases} \tag{6.3}$$

然后分别将两端平方并相加,可得

$$l_2^2=l_3^2+l_4^2+l_1^2-2l_3l_4\cos\varphi_3-2l_1l_3\cos(\varphi_3-\varphi_1)-2l_1l_4\cos\varphi \tag{6.4}$$

经整理得

$$A\sin\varphi_3+B\cos\varphi_3+C=0 \tag{6.5}$$

式中　　$A=2l_1l_3\sin\varphi_1$;

　　　　$B=2l_3(l_1\cos\varphi_1-l_4)$;

　　　　$C=l_2^2-l_1^2-l_3^2-l_4^2+2l_1l_4\cos\varphi_1$。

令 $x=\tan(\varphi_3/2)$,因 $\sin\varphi_3=2x/(1+x^2)$,$\cos\varphi_3=(1-x^2)/(1+x^2)$,式(6.5)化为二次方程 $(B-C)x^2-2Ax-(B+C)=0$。解得

$$\varphi_3=2\arctan\frac{A\pm\sqrt{A^2+B^2-C^2}}{B-C}$$

上式有两个解,如图6.1所示,当 B、C、D 为顺时针排列时,取"-"号计算,当 B、C、D 为逆时针排列时,取"+"号计算。一般在式中引入一个符号 M,使其成为

$$\varphi_3=2\arctan\frac{A+M\sqrt{A^2+B^2-C^2}}{B-C}$$

此时,当 B、C、D 为顺时针排列时,$M=-1$;当 B、C、D 为逆时针排列时,$M=+1$。由此,求得构件2的角位移为

$$\varphi_2=\arctan\frac{l_3\sin\varphi_3-l_1\sin\varphi_1}{l_4+l_3\cos\varphi_3-l_1\cos\varphi_1}$$

3.速度分析

将式(6.3)对时间 t 求导,可得

$$\begin{cases} -l_1\omega_1\sin\varphi_1-l_2\omega_2\sin\varphi_2=-l_3\omega_3\sin\varphi_3 \\ l_1\omega_1\cos\varphi_1+l_2\omega_2\cos\varphi_2=l_3\omega_3\cos\varphi_3 \end{cases} \tag{6.6}$$

整理得

$$\begin{cases} \omega_2=-\omega_1l_1\sin(\varphi_1-\varphi_3)/l_2\sin(\varphi_2-\varphi_3) \\ \omega_3=\omega_1l_1\sin(\varphi_1-\varphi_2)/l_3\sin(\varphi_3-\varphi_2) \end{cases}$$

4.加速度分析

将式(6.6)对时间求导,可得

$$\begin{cases} -l_1\omega_1^2\cos\varphi_1 - l_2\alpha_2\sin\varphi_2 - l_2\omega_2^2\cos\varphi_2 = -l_3\alpha_3\sin\varphi_3 - l_3\omega_3^2\cos\varphi_3 \\ -l_1\omega_1^2\sin\varphi_1 + l_2\alpha_2\cos\varphi_2 - l_2\omega_2^2\sin\varphi_2 = l_3\alpha_3\cos\varphi_3 - l_3\omega_3^2\sin\varphi_3 \end{cases} \quad (6.7)$$

联立求解,得到两个未知角加速度

$$\begin{cases} \alpha_2 = \dfrac{-\omega_1^2 l_1\cos(\varphi_1-\varphi_3) + \omega_3^2 l_3 - \omega_2^2 l_2\cos(\varphi_2-\varphi_3)}{l_3\sin(\varphi_3-\varphi_2)} \\ \alpha_3 = \dfrac{\omega_1^2 l_1\cos(\varphi_1-\varphi_2) + l_2 - \omega_3^2 l_3\cos(\varphi_3-\varphi_2)}{l_3\sin(\varphi_3-\varphi_2)} \end{cases}$$

6.2.2 力分析

设图 6.2 所示的曲柄摇杆机构中,已知各构件的尺寸和质心的位置,各构件的质量 m_1、m_2、m_3 和转动惯量 J_{S1}、J_{S2}、J_{S3},原动件 AB 的方位角 φ_1 和匀角速度 ω_1 以及构件 3 的工作阻力矩 M_r,求各运动副中的反力和原动件上的平衡力矩 M_b。

1.惯性力和惯性力矩的计算

1)各构件的质心坐标

构件 1 的质心坐标为

$$\begin{cases} x_1 = l_{AS_1}\cos\varphi_1 \\ y_1 = l_{AS_1}\sin\varphi_1 \end{cases}$$

构件 2 的质心坐标为

$$\begin{cases} x_2 = x_B + l_{BS_2}\cos\varphi_2 \\ y_2 = y_B + l_{BS_2}\sin\varphi_2 \end{cases}$$

构件 3 的质心坐标为

$$\begin{cases} x_3 = x_C + l_{CS_3}\cos\varphi_3 \\ y_3 = y_C + l_{CS_3}\sin\varphi_3 \end{cases}$$

2)各质心的加速度

构件 1 质心 S_1 的加速度为

$$\begin{cases} a_{S_{1x}} = -l_{AS_1}\omega_1^2\cos\varphi_1 \\ a_{S_{1y}} = -l_{AS_1}\omega_1^2\sin\varphi_1 \end{cases}$$

构件 2 质心 S_2 的加速度为

$$\begin{cases} a_{S_{2x}} = -l_1\omega_1^2\cos\varphi_1 - l_{BS_2}(\omega_2^2\cos\varphi_2 + \alpha_2\sin\varphi_2) \\ a_{S_{2y}} = -l_1\omega_1^2\sin\varphi_1 - l_{BS_2}(\omega_2^2\sin\varphi_2 - \alpha_2\cos\varphi_2) \end{cases}$$

构件 3 质心 S_3 的加速度为

$$\begin{cases} a_{S_{3x}} = -l_{DS_3}(\omega_3^2\cos\varphi_3 + \alpha_3\sin\varphi_3) \\ a_{S_{3y}} = -l_{DS_3}(\omega_3^2\sin\varphi_3 - \alpha_3\cos\varphi_3) \end{cases}$$

3) 惯性力和惯性力矩的计算

由构件质心的加速度和构件的角加速度可以确定其惯性力和惯性力矩

$$\begin{cases} F_{1x} = -m_1 a_{S_{1x}}, F_{1y} = -m_1 a_{S_{1y}} \\ F_{2x} = -m_2 a_{S_{2x}}, F_{2y} = -m_2 a_{S_{2y}} \\ F_{3x} = -m_3 a_{S_{3x}}, F_{3y} = -m_3 a_{S_{3y}} \\ M_1 = -J_{S1}\alpha_1, M_2 = -J_{S2}\alpha_2, M_3 = -J_{S3}\alpha_3 \end{cases} \quad (6.8)$$

2.平衡方程的建立

由图 6.2 所示的铰链四杆机构受力分析可知,该机构有 4 个运动副,每个运动副反力可分解为 x、y 方向的两个分力,另外还有一个待求的平衡力矩共 9 个未知量,需列出 9 个方程式求解。

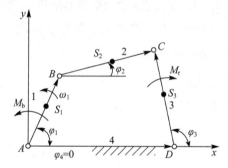

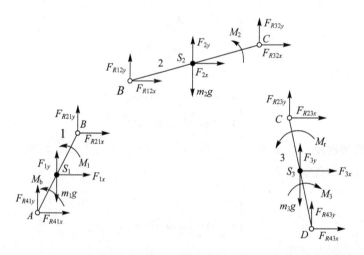

图 6.2 铰链四杆机构受力分析

构件 1 受惯性力、构件 2 和构件 4 对它的作用力以及平衡力矩。对其质心 S_1 点取矩,根据 $\sum M_{S_1} = 0$, $\sum F_x = 0$, $\sum F_y = 0$,写出平衡方程为

$$\begin{cases} M_b - F_{R14x}(y_{S_1} - y_A) - F_{R14y}(x_A - x_{S_1}) - F_{R12x}(y_{S_1} - y_B) - F_{R12y}(x_B - x_{S_1}) = 0 \\ -F_{R14x} - F_{R12x} = -F_{1x} \\ -F_{R14y} - F_{R12y} = -F_{1y} + m_1 g \end{cases} \quad (6.9)$$

同理,构件 2 的平衡方程为

$$
\begin{cases}
-F_{R12x}(y_{S_2} - y_B) + F_{R12y}(x_B - x_{S_2}) - F_{R23x}(y_{S_2} - y_C) - F_{R23y}(x_C - x_{S_2}) = -M_2 \\
-F_{R12x} - F_{R23x} = -F_{2x} \\
-F_{R12y} - F_{R23y} = -F_{2y} + m_2 g
\end{cases} \tag{6.10}
$$

同理,构件 3 的平衡方程为

$$
\begin{cases}
F_{R23x}(y_{S_3} - y_C) + F_{R23y}(x_C - x_{S_3}) - F_{R34x}(y_{S_3} - y_D) - F_{R34y}(x_D - x_{S_3}) = -M_3 + M_r \\
F_{R23x} - F_{R34x} = -F_{3x} \\
F_{R23y} - F_{R34y} = -F_{3y} + m_3 g
\end{cases} \tag{6.11}
$$

求解上述 9 个方程式可以求解出各运动副反力和平衡力矩等 9 个未知量。以上 9 个方程式均为线性方程式,将这 9 个方程式写成矩阵形式

$$
CF_R = D \tag{6.12}
$$

式中　C——系数矩阵;

　　　F_R——未知力列阵;

　　　D——已知力列阵。其中

$C =$

$$
\begin{bmatrix}
1 & -(y_{S_1} - y_A) & -(x_A - x_{S_1}) & -(y_{S_1} - y_B) & -(x_B - x_{S_1}) & 0 & 0 & 0 & 0 \\
0 & -1 & 0 & -1 & 0 & 0 & 0 & 0 & 0 \\
0 & 0 & -1 & 0 & -1 & 0 & 0 & 0 & 0 \\
0 & 0 & 0 & y_{S_2} - y_B & x_B - x_{S_2} & -(y_{S_2} - y_C) & -(x_C - x_{S_2}) & 0 & 0 \\
0 & 0 & 0 & 1 & 0 & -1 & 0 & 0 & 0 \\
0 & 0 & 0 & 0 & 1 & 0 & -1 & 0 & 0 \\
0 & 0 & 0 & 0 & 0 & y_{S_3} - y_C & x_C - x_{S_3} & -(y_{S_3} - y_D) & -(x_D - x_{S_3}) \\
0 & 0 & 0 & 0 & 0 & 1 & 0 & -1 & 0 \\
0 & 0 & 0 & 0 & 0 & 0 & 1 & 0 & -1
\end{bmatrix}
$$

$$
F_R = \begin{bmatrix} M_b \\ F_{R14x} \\ F_{R14y} \\ F_{R12x} \\ F_{R12y} \\ F_{R23x} \\ F_{R23y} \\ F_{R34x} \\ F_{R34y} \end{bmatrix}, \quad
D = \begin{bmatrix} 0 \\ -F_{1x} \\ -F_{1y} + m_1 g \\ -M_2 \\ -F_{2x} \\ -F_{2y} + m_2 g \\ -M_3 + M_r \\ -F_{3x} \\ -F_{3y} + m_2 g \end{bmatrix} 。
$$

6.2.3 程序设计

已知曲柄摇杆机构各构件的尺寸为: $l_1 = 90$ mm, $l_2 = 200$ mm, $l_3 = 160$ mm, $l_4 = 260$ mm,曲柄 1 以匀角速度 $\omega_1 = 36$ rad/s 逆时针回转。假设各杆的质心都处于构件的中点处,各构件的质量为: $m_1 = 1.2$ kg, $m_2 = 2.0$ kg, $m_3 = 1.8$ kg,各构件的转动惯量分别为: $J_{S1} = 0.03$ kg·m², $J_{S2} = 0.25$ kg·m², $J_{S3} = 0.25$ kg·m²,构件 3 的工作阻力为 $M_r = 200$ N·m,方向顺时针,不考虑其他构件的外力及外力矩及摩擦力。①求构件 2 和构件 3 的角位移、角速度及角加速度;②求各转动副中的反力及平衡力矩 M_b。

```
% crank_rocker_main
clear;
l1 = 90;
l2 = 200;
l3 = 160;
l4 = 260;
las1 = 45;
lbs2 = 100;
lds3 = 80;
omega1 = 36;
alpha1 = 0;
hd = pi /180;du = 180 /pi;

m1 = 1.2;
m2 = 3;
m3 = 2.2;
g = 9.81;
Js1 = 0.016;
Js2 = 0.25;
Js3 = 0.09;
Mr = 200;

m = -1;

for n1 = 1:360
    theta1 = (n1-1) * hd;
aa = 2 * l1 * l3 * sin(theta1);
```

```
bb=2*l3*(l1*cos(theta1)-l4);
cc=l2*l2-l1*l1-l3*l3-l4*l4+2*l1*l4*cos(theta1);
theta3(n1)=2*atan((aa+m*sqrt(aa*aa+bb*bb-cc*cc))/(bb-cc));
s1=l3*sin(theta3)-l1*sin(theta1);
theta2(n1)=atan(s1/(l4+l3*cos(theta3)-l1*cos(theta1)));
% theta=[theta2;theta3]

omega3(n1)=omega1*l1*sin(theta1-theta2)/l3/sin(theta3-theta2);
omega2(n1)=-omega1*l1*sin(theta1-theta3)/l2/sin(theta2-theta3);
% omega=[omega2;omega3];

s3=l2*omega2(n1)*omega2(n1)+l1*omega1*omega1*cos(theta1-theta2)-l3*omega3(n1)*omega3(n1)*cos(theta3-theta2);
s2=l3*omega3(n1)*omega3(n1)-l1*omega1*omega1*cos(theta1-theta3)-l2*omega2(n1)*omega2(n1)*cos(theta2-theta3);
alpha3(n1)=s3/(l3*sin(theta3-theta2));
alpha2(n1)=s2/(l2*sin(theta2-theta3));
% alpha=[alpha2;alpha3];
% theta2(n1)=theta(1);theta3(n1)=theta(2);
  % omega2(n1)=omega(1);omega3(n1)=omega(2);
  % alpha2(n1)=alpha(1);alpha3(n1)=alpha(2);
%
as1x(n1)=-las1*omega1^2*cos(n1*hd);
as1y(n1)=-las1*omega1^2*sin(n1*hd);
as2x(n1)=-l1*omega1^2*cos(n1*hd)-lbs2*(alpha2(n1)*sin(theta2(n1))+omega2(n1)^2*cos(theta2(n1)));
as2y(n1)=-l1*omega1^2*sin(n1*hd)+lbs2*(alpha2(n1)*cos(theta2(n1))-omega2(n1)^2*sin(theta2(n1)));
as3x(n1)=-lds3*(cos(theta3(n1))*omega3(n1)^2+sin(theta3(n1))*alpha3(n1));
as3y(n1)=-lds3*(sin(theta3(n1))*omega3(n1)^2-cos(theta3(n1))*alpha3(n1));

%
```

```
F1x(n1)=-as1x(n1)*m1;
F1y(n1)=-as1y(n1)*m1;
F2x(n1)=-as2x(n1)*m2;
F2y(n1)=-as2y(n1)*m2;
F3x(n1)=-as3x(n1)*m3;
F3y(n1)=-as3y(n1)*m3;
M2(n1)=-alpha2(n1)*Js2;
M3(n1)=-alpha3(n1)*Js3-Mr;


xa=0;
ya=0;
xb(n1)=l1*cos(n1*hd);
yb(n1)=l1*sin(n1*hd);
xc(n1)=l4+l3*cos(theta3(n1));
yc(n1)=l3*sin(theta3(n1));
xd=l4;
yd=0;
xs1(n1)=(xb(n1)+xa)/2;
ys1(n1)=(yb(n1)+ya)/2;
xs2(n1)=(xb(n1)+xc(n1))/2;
ys2(n1)=(yb(n1)+yc(n1))/2;
xs3(n1)=(xc(n1)+xd)/2;
ys3(n1)=(yc(n1)+yd)/2

%
A=zeros(9);
A(1,1)=1;A(1,2)=-(ys1(n1)-ya);A(1,3)=-(xa-xs1(n1));
A(1,4)=-(ys1(n1)-yb(n1));A(1,5)=-(xb(n1)-xs1(n1));
A(2,2)=-1;A(2,4)=-1;A(3,3)=-1;A(3,5)=-1;
A(4,4)=(ys2(n1)-yb(n1));A(4,5)=(xb(n1)-xs2(n1));
A(4,6)=-(ys2(n1)-yc(n1));A(4,7)=-(xc(n1)-xs2(n1));
A(5,4)=1;A(5,6)=-1;
A(6,5)=1;A(6,7)=-1;
A(7,6)=(ys3(n1)-yc(n1));A(7,7)=(xc(n1)-xs3(n1));
A(7,8)=-(ys3(n1)-yd);A(7,9)=-(xd-xs3(n1));
```

```
    A(8,6)=1;A(8,8)=-1;
    A(9,7)=1;A(9,9)=-1;
    %
    B=zeros(9,1);
    B(1)=0;
    B(2)=-F1x(n1);
    B(3)=-F1y(n1)+m1*g;
    B(4)=-M2(n1);
    B(5)=-F2x(n1);
    B(6)=-F2y(n1)+m2*g;
    B(7)=-M3(n1);
    B(8)=-F3x(n1);
    B(9)=-F3y(n1)+m3*g;
    C=A\B;
      Mb(n1)=C(1);
    Fr14x(n1)=C(2);Fr14y(n1)=C(3);
    Fr12x(n1)=C(4);Fr12y(n1)=C(5);
    Fr23x(n1)=C(6);Fr23y(n1)=C(7);
    Fr34x(n1)=C(8);Fr34y(n1)=C(9);
end

figure(1);
n1=1:360;
subplot(2,2,1);
plot(n1,theta2*du,n1,theta3*du,'k');
title('Angular rotation');
xlabel('Crank angle \phi_1∧ \circ')
ylabel('Angular rotation∧ \circ')
grid on;
hold on;
text(140,170,'\phi_3')
text(140,50,'\phi_2')

subplot(2,2,2);
plot(n1,omega2,n1,omega3,'k');
title('Angular speed');
```

```
xlabel('Crank angle \phi_1∧ \circ')
ylabel('Angular speed/rad \cdots^{-1}')
grid on;hold on;
text(100,-10,' \omega_2')
text(100,25,' \omega_3')

subplot(2,2,3);
plot(n1,alpha2,n1,alpha3,'k');
title('Angular acceleration');
xlabel('Crank angle \phi_1∧ \circ')
ylabel('Angular acceleration/rad \cdots^{-2}')
grid on;
hold on;
text(300,-800,' \alpha_2')
text(300,800,' \alpha_3')

subplot(2,2,4);
x(1)=0;
y(1)=0;
x(2)=11*cos(70*hd);
y(2)=11*sin(70*hd);
x(3)=14+13*cos(theta3(71));
y(3)=13*sin(theta3(71));
x(4)=14;
y(4)=0;
x(5)=0;
y(5)=0;
plot(x,y);
grid on;
hold on;
plot(x(1),y(1),'o');
plot(x(2),y(2),'o');
plot(x(3),y(3),'o');
plot(x(4),y(4),'o');
title('Four bar linkage');
xlabel('mm')
```

```
ylabel('mm')
axis([-50 350-20 200]);

end

figure(2)
m=moviein(20);
j=0;
for n1=1:5:360;
    j=j+1;
    clf;
    x(1)=0;
    y(1)=0;
    x(2)=l1*cos((n1-1)*hd);
    y(2)=l1*sin((n1-1)*hd);
    x(3)=l4+l3*cos(theta3(n1));
    y(3)=l3*sin(theta3(n1));
x(4)=l4;
    y(4)=0;
    x(5)=0;
    y(5)=0;
    plot(x,y);
grid on;
    hold on;
    plot(x(1),y(1),'o');
plot(x(2),y(2),'o');
    plot(x(3),y(3),'o');
    plot(x(4),y(4),'o');
    axis([-150 350-150 200]);
title('Four bar linkage');
    xlabel('mm')
    ylabel('mm')
    m(j)=getframe;
end
movie(m);
```

```
figure(4);
n1=1:360;

subplot(2,2,1);
plot(n1,Fr14x,'b');
hold on;
plot(n1,Fr14y,'k--');
legend('F_R_1_4_x','F_R_1_4_y')
title('F_R_1_4');
xlabel('Crank angle \phi_1/\circ')
ylabel('F/N')
grid on;
hold on;

subplot(2,2,2);
plot(n1,Fr23x,'b');
hold on;
plot(n1,Fr23y,'k--');
hold on;
legend('F_R_2_3_x','F_R_2_3_y')
title('F_R_2_3');
xlabel('Crank angle \phi_1/\circ')
ylabel('F/N')
grid on;

subplot(2,2,3);
plot(n1,Fr34x,'b');
hold on;
plot(n1,Fr34y,'k--');
hold on;
legend('F_R_3_4_x','F_R_3_4_y')
title('F_R_3_4');
xlabel('Crank angle \phi_1/\circ')
ylabel('F/N')
grid on;
```

```
subplot(2,2,4);
plot(n1,Mb);
title('Mb');
xlabel('Crank angle \phi_1 ∧ \circ')
ylabel('F∧N m')
hold on;
grid on;
text(100,1.9*10^6,'Mb')
end
```

6.2.4 运算结果

图 6.3 分别给出了角位移、角速度、角加速度在曲柄旋转 1 周的变化。图 6.4 给出了力分析线图。

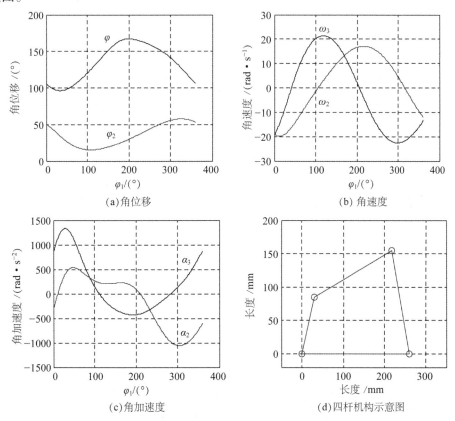

(a)角位移

(b) 角速度

(c)角加速度

(d)四杆机构示意图

图 6.3 曲柄摇杆机构运动线图和机构运动仿真

思考:将图 6.1 中的曲柄摇杆机构换成双曲柄机构或者双摇杆机构,看看角位移、角速度、角加速度及各运动副中的反力及平衡力矩的变化。

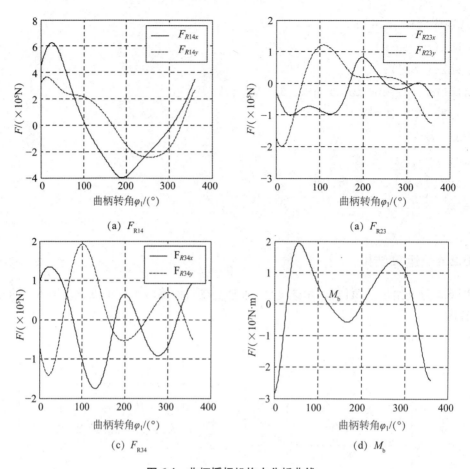

图 6.4 曲柄摇杆机构力分析曲线

6.3 使用 MATLAB 进行曲柄滑块机构的运动学和动力学仿真

如图 6.5 所示, 偏置曲柄滑块机构, 已知曲柄长度 l_1, 连杆长度 l_2, 滑块导路和曲柄轴偏距 e 及原动件曲柄 AB 的角位移 φ_1 和等角速度 ω_1, 分析连杆 2 的角位移 φ_2、角速度 ω_2、角加速度 α_2 和滑块 3 的位移 s、速度 v_3、加速度 a_3。

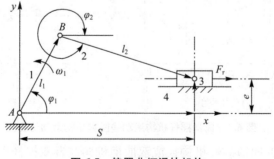

图 6.5 偏置曲柄滑块机构

6.3.1 运动分析

1.位置分析

取以 A 为原点，x 轴与滑块导路共线，y 轴与 e 共线建立如图直角坐标系，得封闭矢量方程为

$$l_1 + l_2 = S + e \tag{6.13}$$

分别向 x 轴和 y 轴投影，得运动分析数学模型为

$$\begin{cases} l_1\cos\varphi_1 + l_2\cos\varphi_2 - S = 0 \\ l_1\sin\varphi_1 + l_2\sin\varphi_2 - e = 0 \end{cases} \tag{6.14}$$

将式(6.14)化简得

$$\sin\varphi_2 = \frac{e - l_1\sin\varphi_1}{l_2}$$

求出 φ_2 后，可得

$$S = l_1\cos\varphi_1 + l_2\cos\varphi_2$$

2.速度分析

将式(6.14)对时间求导，得

$$\begin{cases} -l_1\omega_1\sin\varphi_1 - l_2\omega_2\sin\varphi_2 - v_{3x} = 0 \\ l_1\omega_1\cos\varphi_1 + l_2\omega_2\cos\varphi_2 = 0 \end{cases} \tag{6.15}$$

写成矩阵形式为

$$\begin{bmatrix} l_2\sin\varphi_2 & 1 \\ -l_2\cos\varphi_2 & 0 \end{bmatrix} \begin{bmatrix} \omega_2 \\ v_{3x} \end{bmatrix} = \omega_1 \begin{bmatrix} -l_1\sin\varphi_1 \\ l_1\cos\varphi_1 \end{bmatrix} \tag{6.16}$$

解式(6.16)有

$$\begin{bmatrix} \omega_2 \\ v_{3x} \end{bmatrix} = \begin{bmatrix} -\dfrac{l_1\omega_1\cos\varphi_1}{l_2\cos\varphi_2} \\ -l_1\omega_1\sin\varphi_1 - l_2\omega_2\sin\varphi_2 \end{bmatrix}$$

3.加速度分析

将式(6.15)对时间求导，可得

$$\begin{cases} a_{3x} = -l_1\omega_1^2\cos\varphi_1 - l_2\alpha_2\sin\varphi_2 - l_2\omega_2^2\cos\varphi_2 \\ -l_1\omega_1^2\sin\varphi_1 + l_2\alpha_2\cos\varphi_2 - l_2\omega_2^2\sin\varphi_2 = 0 \end{cases} \tag{6.17}$$

写成矩阵的形式为

$$\begin{bmatrix} l_2\sin\varphi_2 & 1 \\ -l_2\cos\varphi_2 & 0 \end{bmatrix} \begin{bmatrix} \alpha_2 \\ a_{3x} \end{bmatrix} + \begin{bmatrix} \omega_2 l_2\cos\varphi_2 & 0 \\ \omega_2 l_2\sin\varphi_2 & 0 \end{bmatrix} \begin{bmatrix} \omega_2 \\ v_{3x} \end{bmatrix} = \omega_1^2 \begin{bmatrix} -l_1\cos\varphi_1 \\ -l_1\sin\varphi_1 \end{bmatrix} \tag{6.18}$$

由式(6.17)解得

$$\begin{bmatrix} \alpha_2 \\ a_{3x} \end{bmatrix} = \begin{bmatrix} \dfrac{l_1\omega_1^2\sin\varphi_1 + l_2\omega_2^2\sin\varphi_2}{l_2\cos\varphi_2} \\ -l_1\omega_1^2\cos\varphi_1 - l_2\alpha_2\cos\varphi_2 - l_2\omega_2^2\sin\varphi_2 \end{bmatrix}$$

6.3.2 力分析

如图 6.6 所示,已知各构件的尺寸和质心的位置,各构件的质量 m_1、m_2、m_3 和转动惯量 J_{S1}、J_{S2} 原动件 1 的转角 φ_1 和匀角速度 ω_1 以及滑块 3 的水平工作阻力 F_r,求各运动副中的反力和原动件上的平衡力矩 M_b。

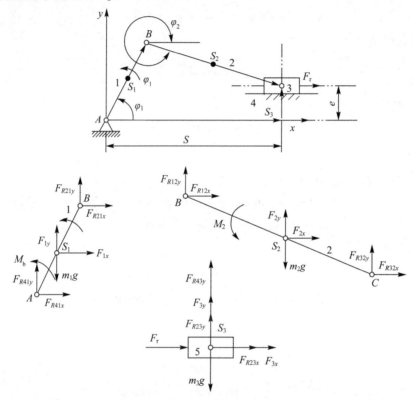

图 6.6 偏置曲柄滑块机构的受力分析

1.惯性力和惯性力矩的计算

1)各构件的质心坐标

构件 1 质心坐标为

$$\begin{cases} x_1 = l_{AS_1}\cos\varphi_1 \\ y_1 = l_{AS_1}\sin\varphi_1 \end{cases}$$

构件 2 质心坐标为

$$\begin{cases} x_2 = x_B + l_{BS_2}\cos\varphi_2 \\ y_2 = y_B + l_{BS_2}\sin\varphi_2 \end{cases}$$

构件 3 质心坐标为

$$\begin{cases} x_3 = S = l_1\cos\varphi_1 + l_2\cos\varphi_2 \\ y_3 = 0 \end{cases}$$

2）各质心的速度

构件 1 质心速度为

$$\begin{cases} v_{1x} = -l_{AS_1}\omega_1\sin\varphi_1 \\ v_{1y} = l_{AS_1}\omega_1\cos\varphi_1 \end{cases}$$

构件 2 质心速度为

$$\begin{cases} v_{2x} = v_B - l_{BS_2}\omega_2\sin\varphi_2 \\ v_{2y} = v_B + l_{BS_2}\omega_2\cos\varphi_2 \end{cases}$$

构件 3 质心速度为

$$\begin{cases} v_{3x} = -\omega_1 l_1\sin\varphi_1 - \omega_2 l_2\sin\varphi_2 \\ v_{3y} = 0 \end{cases}$$

3）各质心的加速度

构件 1 质心加速度为

$$\begin{cases} a_{1x} = -l_{AS_1}\omega^2{}_1\cos\varphi_1 \\ a_{1y} = -l_{AS_1}\omega^2{}_1\sin\varphi_1 \end{cases}$$

构件 2 质心加速度为

$$\begin{cases} a_{2x} = -l_1\omega_1^2\cos\varphi_1 - l_{BS_2}(\omega_2^2\cos\varphi_2 + \alpha_2\sin\varphi_2) \\ a_{2y} = -l_1\omega_1^2\sin\varphi_1 - l_{BS_2}(\omega_2^2\sin\varphi_2 - \alpha_2\cos\varphi_2) \end{cases}$$

构件 3 质心加速度为

$$\begin{cases} a_{3x} = -l_1\omega_1^2\cos\varphi_1 - l_2(\omega_2^2\cos\varphi_2 + \alpha_2\sin\varphi_2) \\ a_{3y} = 0 \end{cases}$$

4）惯性力和惯性力矩的计算

由构件质心的加速度和构件的角加速度可以确定其惯性力和惯性力矩

$$\begin{cases} F_{1x} = -m_1 a_{1x}, F_{1y} = -m_1 a_{1y} \\ F_{2x} = -m_2 a_{2x}, F_{2y} = -m_2 a_{2y} \\ F_{3x} = -m_3 a_{3x}, F_{3y} = -m_3 a_{3y} \\ M_2 = -J_{S_2}\alpha_2 \end{cases} \tag{6.19}$$

2.平衡方程的建立

曲柄滑块机构有 3 个铰链,每个铰链处的反力可分解为 x、y 方向的两个分力,另外还有一个移动副反力和一个待求的平衡力矩共 8 个未知量,需列出 8 个方程式求解。

（1）构件 1 受惯性力、构件 2 和构件 4 对它的作用力。对其质心 S_1 点取矩,根据 $\sum M_{S_1} = 0$、$\sum F_x = 0$、$\sum F_y = 0$,写出平衡方程为

$$\begin{cases} M_b - F_{R12x}(y_{S_1} - y_B) - F_{R12y}(x_B - x_{S_1}) - \\ \qquad F_{R14x}(y_{S_1} - y_A) - F_{R14y}(x_A - x_{S_1}) = 0 \\ - F_{R12x} - F_{R14x} = - F_{1x} \\ - F_{R12y} - F_{R14y} = - F_{1y} + m_1g \end{cases} \tag{6.20}$$

（2）同理，根据 $\sum M_{S_2} = 0$、$\sum F_x = 0$、$\sum F_y = 0$，构件 2 平衡方程为

$$\begin{cases} F_{R12x}(y_{S_2} - y_B) + F_{R12y}(x_B - x_{S_2}) - \\ \qquad F_{R23x}(y_{S_2} - y_C) - F_{R23y}(x_C - x_{S_2}) = - M_2 \\ F_{R12x} - F_{R23x} = - F_{2x} \\ F_{R12y} - F_{R23y} = - F_{2y} + m_2g \end{cases} \tag{6.21}$$

（3）最后，对构件 3 进行受力平衡分析，根据 $\sum F_x = 0$、$\sum F_y = 0$，可以得到

$$\begin{cases} F_{R23x} = - F_{3x} - F_r \\ F_{R23y} - F_{R34y} = - F_{3y} + m_3g \end{cases} \tag{6.22}$$

求解上述 8 个方程式可以求解出各运动副反力和平衡力矩等 8 个未知量。将上述 8 个方程写成矩阵形式，得

$$CF_R = D \tag{6.23}$$

式中　C——系数矩阵；

　　　F_R——未知力列阵；

　　　D——已知力列阵。

其中

$$C = \begin{bmatrix} 1 & -(y_{S_1} - y_B) & -\begin{pmatrix} x_B - \\ x_{S_1} \end{pmatrix} & -(y_{S_1} - y_A) & -(x_A - x_{S_1}) & 0 & 0 & 0 \\ 0 & -1 & 0 & -1 & 0 & 0 & 0 & 0 \\ 0 & 0 & -1 & 0 & -1 & 0 & 0 & 0 \\ 0 & y_{S_2} - y_B & x_B - x_{S_2} & 0 & 0 & -(y_{S_2} - y_C) & -(x_C - x_{S_2}) & 0 \\ 0 & 1 & 0 & 0 & 0 & -1 & 0 & 0 \\ 0 & 0 & 1 & 0 & 0 & 0 & -1 & 0 \\ 0 & 0 & 0 & 0 & 0 & 1 & 0 & 0 \\ 0 & 0 & 0 & 0 & 0 & 0 & 1 & -1 \end{bmatrix}$$

$$\boldsymbol{F}_R = \begin{bmatrix} M_b \\ F_{R12x} \\ F_{R12y} \\ F_{R14x} \\ F_{R14y} \\ F_{R23x} \\ F_{R23y} \\ F_{R34y} \end{bmatrix}, \boldsymbol{D} = \begin{bmatrix} 0 \\ -F_{1x} \\ -F_{1y} + m_1 g \\ -M_2 \\ -F_{2x} \\ -F_{2y} + m_2 g \\ -F_{3x} - F_r \\ -F_{3y} + m_3 g \end{bmatrix}$$

6.3.3 程序设计

在图 6.6 所示的曲柄滑块机构中，AB 杆为原动件，以匀角速度 $\omega_1 = 36$ rad/s 逆时针回转，图中各杆长度分别为 $l_1 = 80$ mm，$l_2 = 500$ mm。偏距 $e = 50$ mm。杆 1 和杆 2 的质心分别在各杆的中心处，各构件的质量及转动惯量分别为 $m_1 = 1.2$ kg，$m_2 = 3.6$ kg，$m_3 = 0.6$ kg，$J_{S2} = 0.45$ kgm²，滑块 3 上的工作阻力为 $F_r = -1\,000$ N。①试确定连杆 2 和滑块 3 的位移、速度和加速度；② 求各运动副中的反力及原动件 1 的平衡力矩 M_b。

曲柄滑块机构运动和力计算程序

```
offset_slider_crank:
% 1.Input parameters
clear;
l1=80;
l2=500;
e=50;
kk=pi/180;
du=180/pi;
omega1=36;
alpha1=0;

las1=40;
lbs2=250;
m1=1.2;
m2=3.6;
m3=0.6;
g=9.81;
J2=0.45;
```

```
G1 = m1 * g;
G2 = m2 * g;
G3 = m3 * g;
Fr = -1000;

% using subroutine SLIDER_CRANK
for n1 = 1:360
phi1(n1) = (n1-1) * kk;
    [phi2(n1),s3(n1),omega2(n1),v3(n1),alpha2(n1),a3(n1)] =
slider_crank(phi1(n1),omega1,alpha1,l1,l2,e);

    as1x(n1) = -las1 * cos(phi1(n1)) * omega1^2;
    as1y(n1) = -las1 * sin(phi1(n1)) * omega1^2;
    as2x(n1) = -l1 * omega1^2 * cos(n1 * kk) - lbs2 * (omega2(n1)^2 * cos
(phi2(n1)) + alpha2(n1) * sin(phi2(n1)));
    as2y(n1) = -l1 * omega1^2 * sin(n1 * kk) - lbs2 * (omega2(n1)^2 * sin
(phi2(n1)) - alpha2(n1) * cos(phi2(n1)));

    F1x(n1) = -as1x(n1) * m1;
    F1y(n1) = -as1y(n1) * m1;
    F2x(n1) = -as2x(n1) * m2;
    F2y(n1) = -as2y(n1) * m2;
    F3x(n1) = -a3(n1) * m3;
    F3y(n1) = 0;
    FR43x(n1) = Fr;
    M2(n1) = -alpha2(n1) * J2;

    xa = 0;
    ya = 0;
    xs1 = las1 * cos(n1 * kk);
    ys1 = las1 * sin(n1 * kk);
    xb = l1 * cos(n1 * kk);
    yb = l1 * sin(n1 * kk);
    xs2 = xb + lbs2 * cos(phi2(n1));
    ys2 = yb + lbs2 * sin(phi2(n1));
    xc = xb + l2 * cos(phi2(n1));
```

```
yc=yb+l2*sin(phi2(n1));
A=zeros(8);
A(1,1)=1;A(1,2)=-(ys1-yb);A(1,3)=-(xb-xs1);A(1,4)=-(ys1-
ya);
A(1,5)=-(xa-xs1);
A(2,2)=-1;A(2,4)=-1;
A(3,3)=-1;A(3,5)=-1;
A(4,2)=(ys2-yb);A(4,3)=(xb-xs2);A(4,6)=-(ys2-yc);A(4,7)=-
(xc-xs2);
A(5,2)=1;A(5,6)=-1;
A(6,3)=1;A(6,7)=-1;
A(7,6)=1;
A(8,7)=1;A(8,8)=-1;

B=zeros(8,1);
B(2)=-F1x(n1);
B(3)=-F1y(n1)+G1;
B(4)=-M2(n1);
B(5)=-F2x(n1);
B(6)=-F2y(n1)+G2;
B(7)=-F3x(n1)+FR43x(n1);
B(8)=-F3y(n1);
C=A\B;
Mb(n1)=C(1);Fr12x(n1)=C(2);Fr12y(n1)=C(3);Fr14x(n1)=C(4);
Fr14y(n1)=C(5);
Fr23x(n1)=C(6);Fr23y(n1)=C(7);Fr34y(n1)=C(8);
end
function [theta2,s3,omega2,v3,alpha2,a3]=slider_crank(theta1,o-
mega1,alpha1,l1,l2,e)theta2=asin((e-l1*sin(theta1))/l2);
s3=l1*cos(theta1)+l2*cos(theta2);

A=[l2*sin(theta2),1; -l2*cos(theta2),0];
B=[-l1*sin(theta1);l1*cos(theta1)];
omega=A\(omega1*B);
omega2=omega(1);
v3=omega(2);
```

```
At =[omega2 * l2 * cos(theta2),0;
     omega2 * l2 * sin(theta2),0];
Bt =[-omega1 * l1 * cos(theta1);
     -omega1 * l1 * sin(theta1)];
alpha =A \(-At * omega+alpha1 * B+omega1 * Bt);
alpha2 =alpha(1);
a3 =alpha(2);
% output distance, velocity and acceleration curves

% output distance,velocity and acceleration curves
figure(1);
n1 =1:360;

% distance curve
subplot(2,2,1);
[AX,H1,H2]=plotyy(phi1 * du,phi2 * du,phi1 * du,s3);
set(get(AX(1),'ylabel'),'String','angular distance of link∧ \circ')
set(get(AX(2),'ylabel'),'String','slider distance∕mm')
title('distance curve');
xlabel('crank angle \phi_1∧ \circ')
grid on;

% speed curve
subplot(2,2,2);
[AX,H1,H2]=plotyy(phi1 * du,omega2,phi1 * du,v3);
title('speed curve');
xlabel('crank angle \phi_1∧ \circ')
ylabel('angular speed of link∕rad \cdots^{-1}')
set(get(AX(2),'ylabel'),'String','slider speed∕mm \cdots^{-1}')
grid on;

% acceleration curve
subplot(2,2,3);
[AX,H1,H2]=plotyy(phi1 * du,alpha2,phi1 * du,a3);
title('acceleration curve');
```

```matlab
xlabel('crank angle \phi_1 /\ \circ')
ylabel('angular acceleration of link/rad \cdots^{-2}')
set(get(AX(2),'ylabel'),'String','slider acceleration/mm \cdots^{-2}')
grid on;
% offset slider-crank mechanism
subplot(2,2,4);
x(1)=0;
y(1)=0;
x(2)=l1*cos(65*kk);
y(2)=l1*sin(65*kk);
x(3)=s3(70);
y(3)=e;
x(4)=s3(70);
y(4)=0;
x(5)=0;
y(5)=0;
x(6)=x(3)-40;
y(6)=y(3)+10;
x(7)=x(3)+40;
y(7)=y(3)+10;
x(8)=x(3)+40;
y(8)=y(3)-10;
x(9)=x(3)-40;
y(9)=y(3)-10;
x(10)=x(3)-40;
y(10)=y(3)+10;

i=1:5;
plot(x(i),y(i));
grid on;
hold on;
i=6:10;
plot(x(i),y(i));
title('offset crank-slider');
grid on;
```

```
hold on;
xlabel('mm')
ylabel('mm')
axis([-50 600-20 130]);
plot(x(1),y(1),'o');
plot(x(2),y(2),'o');
plot(x(3),y(3),'o');

% movie
figure(2)
m=moviein(20);
j=0;

for n1=1:5:360
    j=j+1;
    clf;
    %

    x(1)=0;
    y(1)=0;
    x(2)=l1*cos(n1*kk);
    y(2)=l1*sin(n1*kk);
    x(3)=s3(n1);
    y(3)=e;
    x(4)=s3(n1)-80;
    y(4)=e-10;
    x(5)=s3(n1)+80;
    y(5)=e-10;
    x(6)=(11+12+50);
    y(6)=0;
    x(7)=0;
    y(7)=0;
    x(8)=x(3)-40;
    y(8)=y(3)+10;
    x(9)=x(3)+40;
    y(9)=y(3)+10;
```

```
    x(10)=x(3)+40;
    y(10)=y(3)-10;
    x(11)=x(3)-40;
    y(11)=y(3)-10;
    x(12)=x(3)-40;
    y(12)=y(3)+10;

%

    i=1:3;
    plot(x(i),y(i));
    grid on;hold on;
    i=4:5;
    plot(x(i),y(i));
    i=8:12;
    plot(x(i),y(i));

    plot(x(1),y(1),'o');
    plot(x(2),y(2),'o');
    plot(x(3),y(3),'o');
    title('offset crank-slier');
    xlabel('mm');
    ylabel('mm');
    axis([-150 600-120 150]);
    m(j)=getframe;
end
movie(m)

figure(3);
n1=1:360;

subplot(2,2,1);
plot(n1,Fr14x(n1),'r');
hold on
plot(n1,Fr14y(n1),'k--');
legend('F_R_1_4_x','F_R_1_4_y')
```

```
title('F_R_1_4');
xlabel('crank angle  \phi_1∧\circ')
ylabel('F∧N')
grid on;

subplot(2,2,2);
plot(n1,Fr23x(n1),'r');
hold on;
plot(n1,Fr23y(n1),'k--');
hold on;
legend('F_R_2_3_x','F_R_2_3_y')
title('F_R_2_3');
xlabel('crank angle  \phi_1∧\circ')
ylabel('F∧N')
grid on;

subplot(2,2,3);
plot(n1,Fr34y(n1),'r');
hold on;
legend('F_R_3_4_y')
title('F_R_3_4_y');
xlabel('crank angle  \phi_1∧\circ')
ylabel('F∧N')
grid on;

subplot(2,2,4);
plot(n1,Mb,'r');
title('Mb');
xlabel('crank angle  \phi_1∧\circ')
ylabel('F∧N m')
hold on;
grid on;
```

6.3.4 运算结果

运算结果分别如图 6.7 和图 6.8 所示。

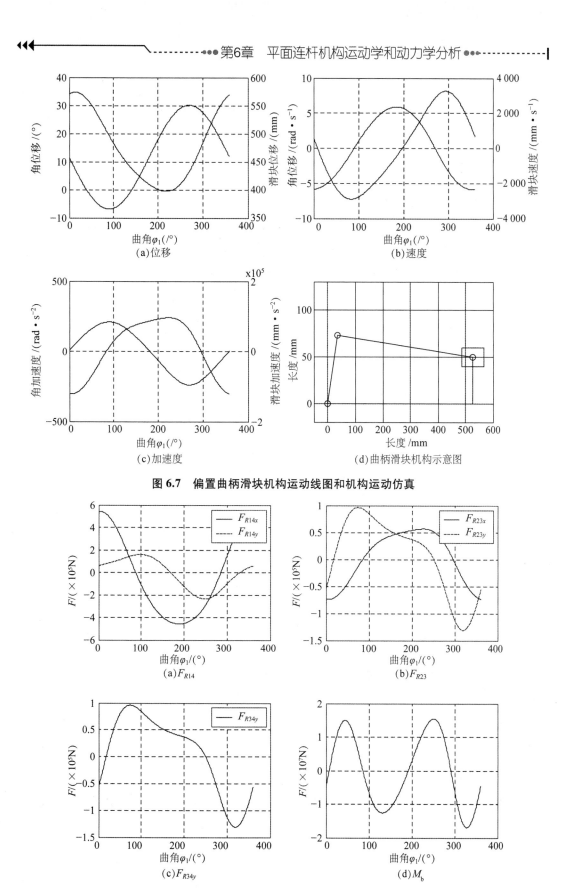

图 6.7 偏置曲柄滑块机构运动线图和机构运动仿真

图 6.8 偏置曲柄滑块机构力分析曲线

6.4 利用 ADAMS 进行铰链四杆机构的运动学仿真

6.4.1 建模

1.将四杆机构调整到特殊位置

使用 6.2.4 节的输入参数。为了方便建立模型,首先将杆 1 置为水平,如图 6.9 所示。

通过简单的几何分析,可以求得 $l_{DE} = 42.65$ mm,$l_{CE} = 154.2$ mm,从而可以确定 C 点的坐标。由于 ADAMS 工作格栅精度的限制,将建模的精度定为 5 mm。

2.设置工作格栅和工作单位

1)工作格栅的设置

单击设置→工作格栅。工作格栅的大小和选择如图 6.10 所示。

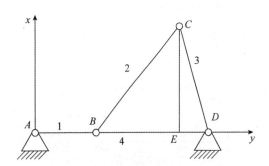

图 6.9　将四杆机构调整到特殊位置

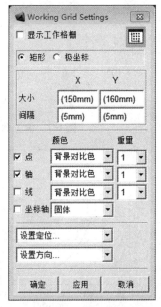

图 6.10　工作格栅的大小和选择

2)工作单位的设置

单击设置→单位,如图 6.11 所示。

3.创建实体模型

1)连杆的创建

单击菜单栏下的物体→实体→刚体创建连杆 。在对话框中可以定义连杆的长度、宽度和深度,如图 6.12 所示。

图6.11 工作单位的设置

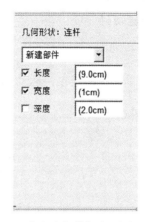

图6.12 定义连杆的长度、宽度和深度

2）地面的创建

单击菜单栏下的物体→实体→刚体,创建拉伸体 。在对话框中,通过改变长度的值,可以定义拉伸体的厚度,如图6.13所示。

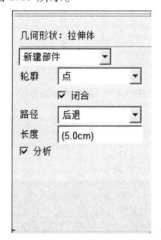

图6.13 定义拉伸体的厚度界面

建好的物体模型如图6.14所示。

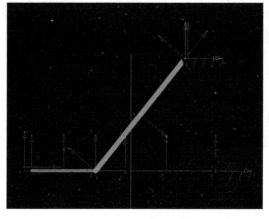

图6.14 建好的物体模型

4.添加运动副

1)添加转动副

单击菜单栏下的连接→运动副→创建转动副 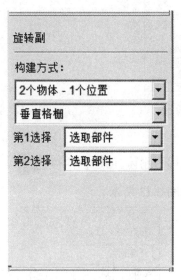。可以在对话框选择构建方式及相关部件,如图 6.15 所示。

图 6.15　添加运动副界面

添加固定副,单击菜单栏下的连接→运动副→创建固定副 🔒。其设置方式与转动副相同。添加了运动副的模型如图 6.16 所示。

图 6.16　添加了运动副的模型

5.添加驱动

单击菜单栏下驱动→运动副驱动→旋转驱动（适用于旋转副和圆柱副） . 其设置方式如图 6.17 所示。在对话框中将旋转速度设为 36,然后单击驱动所在的运动副,完成设置。添加驱动后的模型如图 6.18 所示。

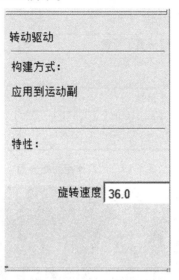

图 6.17　添加驱动的设置方式界面

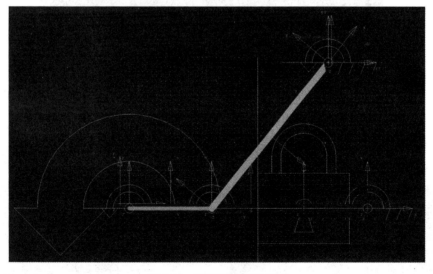

图 6.18　添加驱动后的模型

6.添加工作阻力

单击菜单栏下的力→作用力→创建作用力矩（单向） . 在对话框中可以设定运行方向、构建方式以及力矩的大小,如图 6.19 所示。由于力矩是 200 N·m 顺时针方向,所以在力矩后面输入-200,然后单击连杆 3。创建作用力矩后的模型如图 6.20 所示。

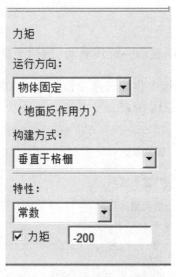

图 6.19　创建作用力矩界面

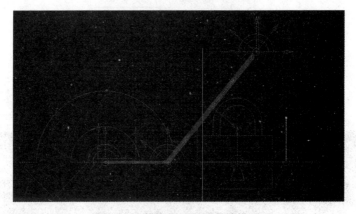

图 6.20　创建作用力矩后的模型

7.设置构件的质量及转动惯量

鼠标置于目标构件之上右击,系统弹出快捷菜单,然后单击"修改"命令。在弹出的"Modify Body"对话框中对质量和转动惯量进行设置,如图 6.21 所示。

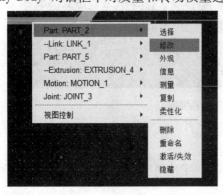

（a）快捷菜单　　　　　　　　　　　　　　（b）对话框

图 6.21　设置质量和转动惯量

8.仿真

单击菜单栏下的仿真→仿真分析→运行交互仿真 ⚙。在弹出的"Simulation Control"对话框中,可以对仿真的时间和步长进行设置,如图6.22所示。设置好时间和步长之后,单击"开始仿真"按钮 ▷ ,模型就会运动起来。

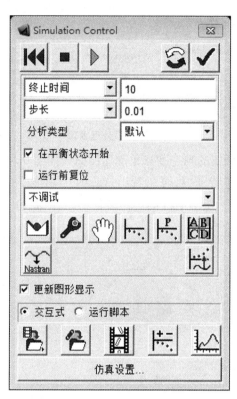

图6.22　设置仿真的时间和步长

6.4.2　后处理

单击菜单栏下的结果→后处理→Open Adams PostProcessor 📈 ,就会出现图6.23所示的后处理窗口。在数据栏中,既可以对实体进行分析,也可以对力以及运动副进行分析。

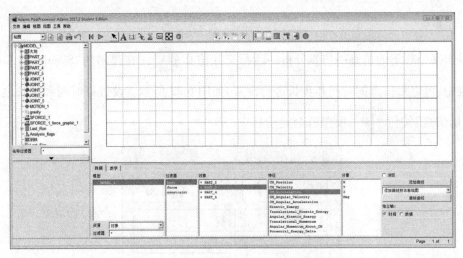

图 6.23　后处理窗口

本模型中连杆 2 和连杆 3 的角速度和角加速度曲线如图 6.24 所示。感兴趣的读者可以试着去生成其他数据。通过特征栏,可以看出 Adams 的功能十分强大,可以分析的量非常多,使用起来也很方便。至于每一个特征具体表征的是什么,由于篇幅的限制,就不在此一一介绍了。

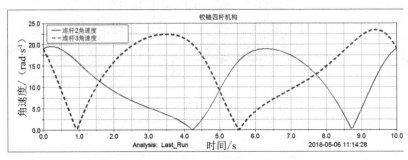

（a）角速度

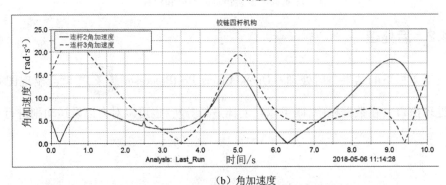

（b）角加速度

图 6.24　仿真角速度和角加速度曲线

6.5　利用 ADAMS 进行曲柄滑块机构的运动学仿真

6.5.1　建模

1.将曲柄滑块机构调整到特殊位置

使用 6.3.4 小节的输入参数。为了方便建立模型,首先将杆 1 置为竖直方向,如图 6.25 所示。根据题意,$l_{BD}=30$ mm,$l_{BC}=500$ mm,根据勾股定理可以求得 $l_{CD}=500.9$ mm。

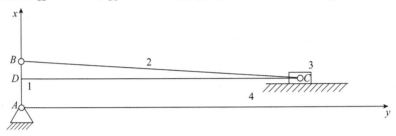

图 6.25　将曲柄滑块机构调整到特殊位置

2.设置工作格栅和工作单位

1)工作格栅的设置

单击设置→工作格栅。工作格栅的大小和选择如图 6.26 所示。

2)工作单位的设置

单击设置→单位,如图 6.27 所示。

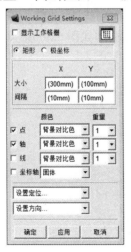

图 6.26　工作格栅的设置

图 6.27　工作单位的设置

3.创建实体模型

1)连杆的创建

单击菜单栏下的物体→实体→刚体;创建连杆 。在对话框中可以定义连杆的长度、宽度和深度,具体如图 6.28 所示。

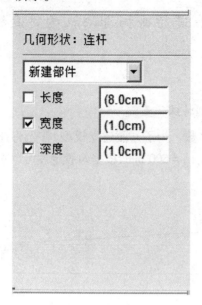

图 6.28　创建连杆界面

2)滑块的创建

单击菜单栏下的物体→实体→刚体,创建拉伸体 。在对话框中,通过改变长度的值,可以定义滑块的厚度。

3)地面的创建

单击菜单栏下的物体→实体→刚体,创建拉伸体 ,如图 6.29 所示。在对话框中,通过改变长度的值,可以定义拉伸体的厚度。创建好的实体模型如图 6.30 所示。

图 6.29　创建拉伸体界面

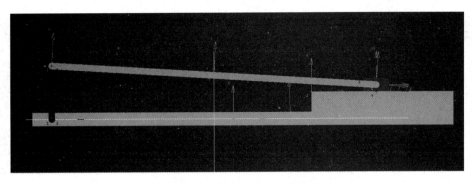

图 6.30 创建好的实体模型

4.添加运动副

1）添加转动副

单击菜单栏下的连接→运动副→创建转动副，如图 6.31 所示。可以在对话框选择构建方式及相关部件。

2）添加固定副

单击菜单栏下的连接→运动副→创建固定副🔒。设置方式与转动副相同。

3）添加移动副

单击菜单栏下的连接→运动副→创建移动副。注意,添加移动副之后还要选定移动的方向。

添加了运动副的模型如图 6.32 所示。

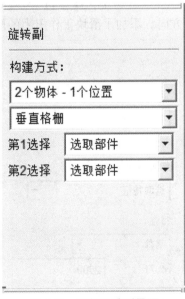

图 6.31 添加运动副界面

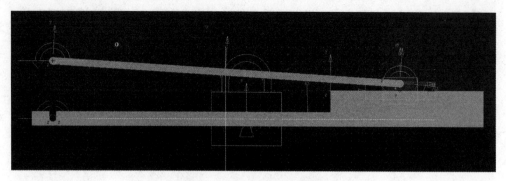

图 6.32 添加了运动副的模型

5.添加驱动

此处驱动的添加与四杆机构驱动的添加方法完全相同。添加了驱动的模型如图 6.33 所示。

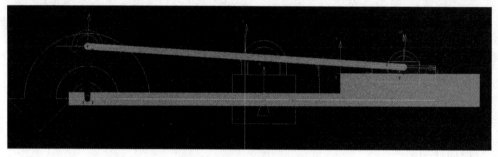

图 6.33 添加了驱动的模型

6.添加滑块的阻力

单击菜单栏下力→作用力→创建作用力（单向）。在对话框中可以选择力的运行方向、构建方式以及力的大小，如图 6.34 所示。注意，在设置好力的参数之后还要回到模型中选择力的作用点和具体作用方向。添加了滑块工作阻力的模型如图 6.35 所示。

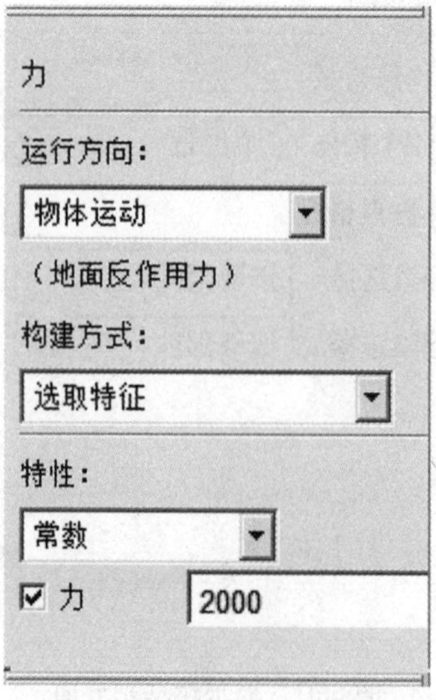

力

运行方向：

物体运动

（地面反作用力）

构建方式：

选取特征

特性：

常数

☑ 力   2000

图 6.34 创建作用力界面

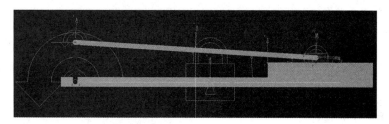

图 6.35　添加了滑块工作阻力的模型

7.设置构件质量及转动惯量

此处构件质量及转动惯量的设置与四杆机构的设置方法完全相同。

8.仿真

仿真的方法与四杆机构的仿真完全相同。

6.5.2　后处理

后处理窗口的调出方法与四杆机构完全相同,下面给出了此模型连杆 2 的角速度和角加速度以及滑块 3 的速度和加速度。输出结果如图 6.36 所示。

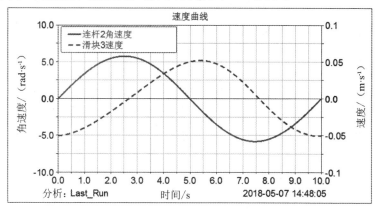

（a）连杆2角速度和滑块3的速度曲线

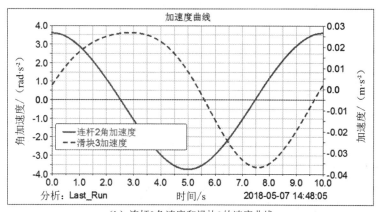

（b）连杆2角速度和滑块3的速度曲线

图 6.36　输出结果

第7章
机械运动方案设计实例分析

为使学生对机械运动系统方案设计的内容、步骤和大致过程有所了解,本章给出了两个机械运动系统方案设计的实例。同时,由于机械机构的创新层出不穷,本章所展现的内容仅是一家之言,广大学生在此基础上,集思广益,定能设计出更好的机械系统。

7.1 压片机加压机构方案创新设计

7.1.1 设计要求

粉料压片机适用于压制圆形的各种药片、奶片、钙片等。它由上冲头、下冲头、料筛等执行机构组成。料筛由传动机构将其送到上、下冲头之间,通过上、下冲头的共同挤压把粉状材料压成片状。根据生产工艺路线方案,在送料机构送料期间,上、下冲头不能压制粉料,只有当料筛不在上、下冲头之间时,冲头才能加压。因此,必须对送料机构和上、下冲头之间的运动的时间顺序进行设计,使三者有严格的协调配合关系,不至于在运动过程中发生冲突。

1.工艺参数

(1)要求将陶瓷干粉压制成直径为 34 mm,厚度为 5 mm 的圆形片坯。

(2)冲头压力为 15 t(150 000 N)。

(3)生产率为 25 片/min。

(4)机器运转不均匀系数为 10%。

2.工艺流程

(1)干粉料均匀筛入圆筒形型腔,如图 7.1(a)所示。

(2)下冲头下沉 3 mm,预防上冲头进入型腔时把粉料扑出,如图 7.1(b)所示。

(3)上、下冲头同时加压(图 7.1(c)),并保压一段时间。

(4)上冲头退出,下冲头随后顶出压好的片坯,如图 7.1(d)。

(5)料筛推出片坯,如图 7.1(e)所示。

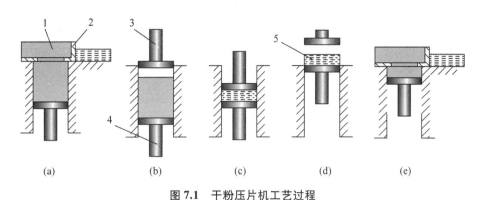

图 7.1　干粉压片机工艺过程

1—干粉料；2—料筛；3—上冲头；4—下冲头；5—成形片坯

7.1.2　设计过程

1.功能分析

根据上面的设计要求,可知该系统的主功能是将粉料压制成型(图 7.2),为完成主功能又可分解为 4 个分功能,即上冲头的压下、下冲头的压上、料筛的推片和成型模具(圆筒形型腔)。然后,就可以着手寻求满足各分功能元的尽可能多的解。

图 7.2　总功能分析

2.压片机运动循环图

根据工艺过程,机构应具有一个模具(圆筒形型腔)和 3 个执行构件(1 个上冲头、1 个下冲头和 1 个料筛)。3 个执行构件的运动形式如下。

(1)上冲头完成往复(铅垂上下)直移运动,下移至终点后有短时间的停歇,起保压作用,因冲头上升后要留有料筛进入的空间,故冲头行程为 90~100 mm。若机构主动件转 1 周(2π)完成 1 个运动循环,则上冲头位移线图的形状大致如图 7.3(a)所示。

(2)下冲头先下沉 3 mm,然后上升 8 mm(加压)后停歇保压,继而上升 16 mm,将成形片坯顶到与台面平齐后停歇,待料筛将片坯推离冲头后再下移 21 mm 到待装料位置。其位移线图大致如图 7.3(b)所示。

(3)料筛在模具型腔上方往复振动筛料,然后向左退回,待坯料成形并被推出型腔后,料筛复在台面上右移 45~50 mm 推卸成形片坯,其位移线图大致如图 7.3(c)所示。

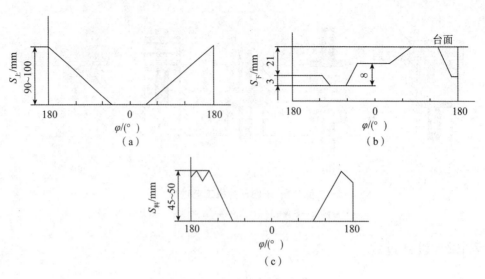

图 7.3　三执行构件运动线图

(4)各执行机构的运动协调。拟定压片机运动循环图(图 7.4)的目的是确定各机构执行构件动作的先后顺序、相位,以利于设计、装配和调试。

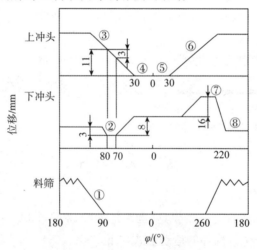

图 7.4　压片机运动循环图

上冲头加压机构主动件每转完成一个运动循环,所以拟定运动循环图时,以该主动件的转角作为横坐标(0°~360°),以各机构执行构件的位移为纵坐标画出位移曲线。运动循环图上的位移曲线主要着眼于运动的起止位置,而不必准确表示出运动规律。

例如,料筛退出加料位置(图 7.4 中线段①)后停歇。料筛刚退出,下冲头即开始下沉 3 mm(图 7.4 中②)。下冲头下沉完毕,上冲头可下移到型腔入口处(图 7.4 中③),待上冲头到达台面下 3 mm 处时,下冲头开始上升,对粉料两面加压,这时,上、下冲头各移 8 mm(图 7.4 中④),然后两冲头停歇保压(图 7.4 中⑤),保压时间约 0.4 s,即相当于主动件转 60°左右。以后,上冲头先开始退出,下冲头稍后并稍慢地向上移动到和台面平齐,顶出成形片坯(图 7.4 中⑥)。下冲头停歇待卸片坯时,料筛推进到型腔上方推卸片坯(图 7.4 中⑦)。下冲头下移 21 mm 的同时,料筛振动粉料(图 7.4 中⑧)而进入下一个循环。

拟定运动循环图时,还要注意一个问题,即各机构执行构件的动作起止位置可视具体情况重叠安排。例如上冲头还未退到上顶点,料筛即可开始移动送进;而料筛尚未完全退回,上冲头已开始下行,只要料筛和上冲头不发生碰撞(阻挡)即可。这样安排,可增长执行构件的运动时间,减小加速度,从而改善机构的运动和动力性能。

确定运动循环图后,即可据此拟定合适的运动规律曲线,进行机构设计。必要时,再对设计的机构进行运动分析,用分析得到的位移规律到运动循环图上观察机构运动是否协调。若有不当之处,应对运动循环图做适当修正。

3.上冲头加压机构设计

由上述分析可知,压片机机构有3个分支:一为实现上冲头运动的主加压机构;二为实现下冲头运动的辅助加压机构;三为实现料筛运动的上、下料机构。此外,当各机构按运动循环图确定的相位关系安装以后,应能做适当的调整,故在机构之间还需设置能调整相位的环节(也可能是机构)。要完成上述几种机构的设计,对课程设计来说,工作量太大,因此,这里也只就其中的一个机构——主加压机构叙述其设计过程。

实现上冲头运动的主加压机构应有下述几种基本运动功能。

(1)上冲头要完成每分钟25次往复移动运动,所以机构的主动构件转速应为25 r/min,若以电动机作为原动力,则主加压机构应有运动缩小的功能。

(2)因上冲头是往复运动,故机构要有运动交替的功能。

(3)原动机的输出运动是转动,上冲头是直移运动,所以机构要有运动转换的功能。

(4)因有保压阶段,所以机构上冲头在下移行程末端有较长的停歇或近似停歇的功能。

(5)因冲头压力较大,所以希望机构具有增力的功能,以增大有效作用力,减小原动机的功率。

先取上述(1)、(2)、(3)必须具备的功能来组成机构方案。若每一功能仅由一类基本机构来实现,如表7.1所示。从每项功能中各取出一机构组成一机构方案,总共可组成 $3^3 = 27$ 种方案。在这许多方案中,有些机构,如曲柄滑块机构,就兼有运动转换和交替换向的功能。这样,有些方案的动作结构或机构组合就显得烦琐而不合理,因而可以直观进行判断,从而舍弃一些方案。例如,可从中选出图7.5所示的5种方案作为评选方案。这种做法似乎比较烦琐,但它的好处是可以开阔思路,尽量考虑周全,少漏掉一些可行方案。特别对于初次进行设计者更显必要。当然设计时也可以考虑采用液压传动系统。

表7.1 实现给定功能的基本机构

基本机构 / 基本功能	齿轮机构	连杆机构	凸轮机构
运动形式变换			

续表

基本功能＼基本机构	齿轮机构	连杆机构	凸轮机构
运动方向交替变换 ↔			
运动缩小			

图 7.5 列出的 5 种方案是串联式的。由于上冲头在下移行程的末端还有停歇和增力的附加要求，应对上述方案再做增改。要使机构从动件（执行构件）在行程末端停歇，即运动速度为零，大致有下述几种方法。

（1）使机构的运动副或运动链暂时脱离，这可采用基本机构的变异机构，如槽轮机构（图 7.6（a）），也可采用换向机构或离合器（图 7.6（b）），当换向轮处于中间位置时，从动件螺杆停歇。

（2）如图 7.5 中方案 1 和方案 3 用转动凸轮推动从动件，则与从动件行程末端相应的凸轮廓线用同心圆弧廓线时，从动件在行程末端停歇。在 7.5（d）所示机构中，保留齿轮机构和摇杆滑块机构，而将其中的曲柄摇杆机构变异为曲柄摆动导杆机构，如图 7.6（b）所示。再将摇杆滑块机构 CDE 中的滑块调整到极限位置，即 CD、DE 成一直线时，AB 在垂直 CD 位置附近的 aa' 段导轨做以 A 为圆心、AB 为半径的圆弧运动，如图 7.6（c）所示，则机构在此位置时，点 E 的速度减小到零，并有一段时间的停歇。

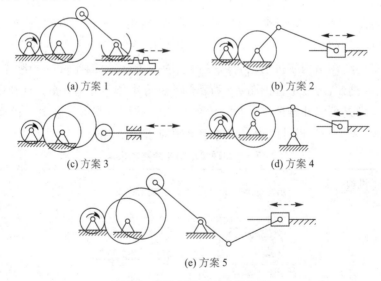

(a) 方案 1

(b) 方案 2

(c) 方案 3

(d) 方案 4

(e) 方案 5

图 7.5　压片机机构的 5 种方案

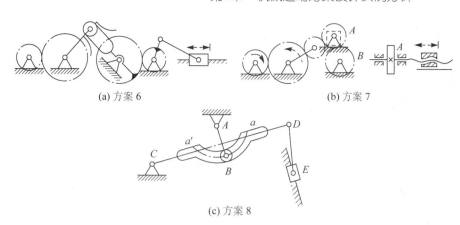

(a) 方案 6　　　　　　　　　　　　　(b) 方案 7

(c) 方案 8

图 7.6　按停歇要求补充的几个方案

（3）在机构串联组合时,使两机构的从动件均在速度零位时串接。因为速度零位附近的速度一般也较小,这就使得串联组合机构输出构件的速度在较长一段时间内接近为 0,见图 7.5 方案四所示。

（4）用其他方式组合机构。如用轨迹点串联时,当轨迹点在直线段或圆弧段上运动时,从动件停歇。并联组合时,将两个输入构件的运动规律相加,可使输出构件的速度在预定区域接近 0。

至于机构增力的要求,它与机构停歇的要求,从功率传递的角度来看,有着内在的联系。因为,不计摩擦损耗时,输入、输出功率应相等,所以速度低时,力大。根据这个道理,可使冲头在下移行程末端 8 mm 的范围内有足够低的速度,这是增力措施之一。此外,合适地安排机构构件的相对位置,使其得到良好的传力条件即得到较大的有效作用力,也是一种"增力"的办法。所以,这类要求不必另立方案,只需在选择的方案中将构件做适当的配置就可以了。至此,在图 7.5 和图 7.6 所示的几种方案中,已充分考虑了所提出的功能要求。

4.评选机构方案

按照前述的方案评选原则,充分分析各方案的优缺点,然后选出几个比较合适的方案。

方案 1 和方案 3 都采用了凸轮机构。凸轮机构虽能得到理想的运动规律,但要使从动件达到 90~100 mm 的行程,凸轮的向径比较大,于是凸轮机构的运动空间也较大。而且凸轮与从动件是高副接触,不宜用于低速、大压力的场合。

方案 2 采用曲柄滑块机构,曲柄长度仅为滑块行程的一半,机构结构简洁,尺寸较小,但滑块在行程末端只做瞬时停歇,运动规律不理想。如用方案 4,将曲柄摇杆机构和曲柄滑块机构串联,则可得到比较好的运动规律,尺寸也不致过大。又因为它是全低副机构,宜用于低速、重载的场合。

其余方案虽也可达到所要求的机构功能,但均不如前述几个方案的结构简洁。所以,选用方案四是比较适宜的。

至于下冲头机构和料筛机构,也可照上述方法选定方案,不再详述。前者因位移不大,运动规律复杂,可考虑用凸轮机构;后者因要完成振动动作,所以可用凸轮机构完成小振动动作,用串联的连杆机构实现运动转换和放大。

5.设计方案

该机械系统包含从原动机到传动机构到各执行机构的传动系统。该机械系统有 3 套工作执行机构,为使其成为一个单自由度机器,故将其设计为所示等速连接机构。图 7.7 所示为机械传动示意图。

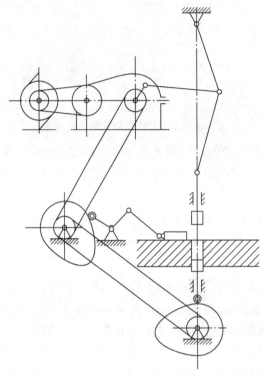

图 7.7　机械传动示意图

6.机构的尺度设计

机构尺度设计的方法很多,这里仅介绍一种方法,供参考。

方案 4 是由曲柄摇杆机构和曲柄滑块机构串联而成的组合机构,属构件固接式串联组合。将第 1 个机构的输出构件(在速度为 0 的位置)和第 2 个机构的输入构件(在其输出构件速度接近为零时的位置)固接起来,即机构串联起来,那么,在这个位置附近(一段较长时间)组合机构的输出构件将近似停歇。其原理说明如下。

假设已知曲柄滑块机构的运动规律 s-φ_2(图 7.8(a)),图 7.8(b)所示为该机构正处于滑块速度接近于零的位置;曲柄摇杆机构的运动规律 ψ_1-φ_1 如图 7.8(c)实线所示,而图 7.8(d)所示为该机构摇杆 $O_{A'}A'$ 正处于速度为零的位置。若将图 7.8(b)、(d)所示的两个机构就在图示位置串联,则串联以后构件 O_AA 和 $O_{A'}A'$ 成为一个构件(图 7.8(e)),则第 1 个机构中的 φ_1 和第 2 个机构中的 φ_2 有如下关系

$$\varphi_2 = \varphi_0 + \varphi_1$$

式中,φ_0 为常数,所以若将图 7.8(c)的坐标 φ_1 用 φ_2 表示,则相当于曲线平移了距离 φ_0,如虚线所示。当 s-φ_2 和 ψ_1-φ_2 如图 7.8(a)、(c)所示安排时,则沿图中箭头所示定向从 ψ_1' 得

φ'_2，由φ'_2得s'，而从ψ'_1、s'得到ψ_1-s曲线上的一点，依此可得出ψ_1-s曲线。从图7.8(a)、(c)的局部放大图7.8(f)中可知，ψ_1在b-c-0-a的区域内(转角约为70°)时，滑块的位移s约在接近0的很小范围(约0.37 mm)内变化，依靠运动副的间隙，可近似认为这时滑块是停歇。

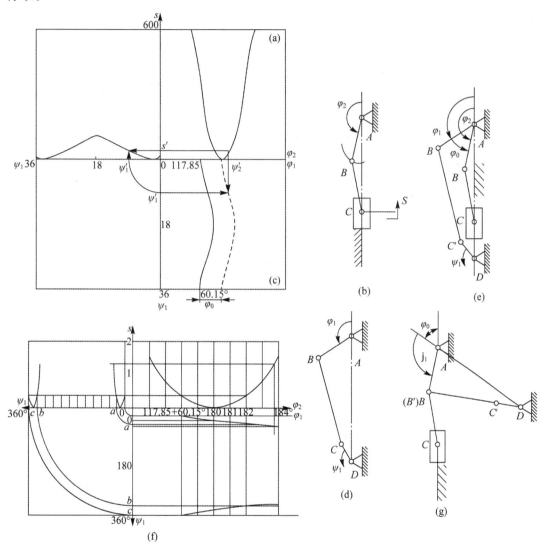

图 7-8　主加压机构设计原理

由此看来，若使s-φ_2曲线上s为0的附近的一段曲线变化比较平缓，ψ_1-φ_1曲线在ψ_1的最小值附近的曲线也比较平缓，滑块近似停歇所占的ψ_1角就比较大；又为了使构件$A'B'$受的力小些，同时也使机构能得到比较合理的布置，可将曲柄摇杆机构$O_{A'}A'B'O_{B'}$整个绕O'_A逆时针向转角度φ_0，如图7.8(g)所示，这并不影响机构的运动性能，反而改善了构件$A'B'$的受力条件。

根据上述分析，该机构可按如下步骤设计。

1)确定曲柄滑块机构尺寸

　　根据曲柄滑块机构特性(图7.9(a)),$\lambda=l/r$ 越小,在 $s=0$ 处的位移变化越大,所以应选较大的λ;但 λ 越大,从 $s=0$ 到 90~100 mm 的位移所需曲柄的转角 θ 也越大;又因为曲柄是与曲柄摇杆机构中的摇杆串联的,而摇杆的转角应小于180°,且希望取小一些为好。所以,应取一个合适的曲柄长度和 λ 值,满足滑块有 90~100 mm 的行程而曲柄转角则在60°左右,同时在 $\varphi_2=178°\sim182°$ 内滑块位移不大于 0.4 mm 或更小(可近似看作滑块停歇),如图7.10所示。

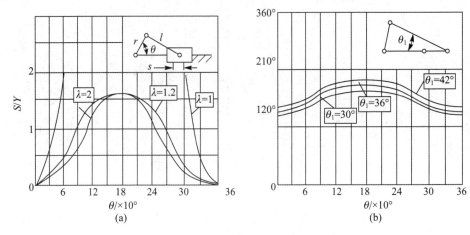

图7.9　曲柄滑块机构和曲柄摇杆机构特性

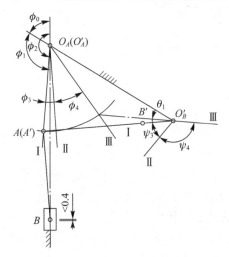

图7.10　主加压机构设计

2)确定曲柄摇杆机构尺寸

　　在压片位置,机构应有较好的传动角。所以,当摇杆在 $O_A A$ 位置时,曲柄摇杆机构的连杆 AB' 与 $O_A A$ 的夹角应接近90°。此时,$O_{B'}$若选在 AB' 的延长线上,则 AB' 受力最小。故在此线上选一适当位置作 $O_{B'}$。具体选定 $O_{B'}$ 的位置时,可再考虑急回特性的要求,或摇杆速度接近零的区域中位移变化比较平缓的要求。它与机构尺寸的大致关系是:行程速度变化系数 K 或 θ_1 越大,在位置 A 时的位移变化越大(图7.9(b)),所以 $O_{B'}$ 距点 A 远一些好,但又受到机构尺寸和急回特性的限制,不能取得太远。选定 $O_{B'}$ 以后,可定出与 $O_A A$ 两个位移 φ_3、φ_4

（或Ⅰ、Ⅱ、Ⅲ位置）对应的 $O_{B'}B'$ 的两个位移 ψ_3、ψ_4（或Ⅰ、Ⅱ、Ⅲ3个位置）。按上述命题设计出曲柄摇杆机构的尺度，φ_0 为两机构串联的相位角。设计结果见图7.10。其后，再对设计结果进行运动分析，可得到机构正确的运动规律。最后，再回到运动循环图上，检查它与其他执行构件的运动是否有干涉的情况出现。必要时可修正运动循环图。

7.2 洗瓶机设计

7.2.1 设计要求

洗瓶机是由推瓶机构、导辊机构和转刷机构共同来完成它的工作的。根据洗瓶机工作示意图简图（图7.11），首先是由推瓶机构以均匀的速度将瓶子推上工作台（导辊），推头的往复运动将瓶子一个一个不间断地送上工作台进行清洗工作，由于瓶子是从静止到具有一定的速度，推头和瓶子之间必然存在着一定的冲击，所以就要考虑推头的材料不能是刚性材料，要用具有一定韧性的塑性材料以保证在工作过程中不至于将瓶子碰碎。其次，瓶子送到工作台的同时导辊已经进入旋转的状态并且喷水机构也开始对瓶子进行喷水，使瓶子随着导辊的旋转进行圆周运动，安装在导辊上面旋转的转刷将瓶子的四周都清洗干净。

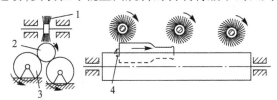

图7.11 洗瓶机工作示意图简图

1—刷子；2—瓶；3—导辊；4—推头 M

1.原始数据

（1）瓶子尺寸：长度 $L = 200$ mm，直径 $D = 80$ mm。

（2）推进距离 $S = 600$ mm，推瓶机构应使推头以接近均匀的速度推瓶，平稳地接触和脱离瓶子，然后推头快速返回原位，准备进入第2个工作循环。

（3）按生产率每分钟3个的要求，推程的平均速度 $v = 45$ mm/s，返回时的平均速度为工作时的平均速度的3倍。

2.设计任务

（1）洗瓶机应包括齿轮、平面连杆机构等常用机构或组合机构。学生应该提出两种以上的设计方案并经分析比较后选定一种进行设计。

（2）设计传动系统并确定其传动比分配。

（3）画出机器的机构运动方案简图和运动循环图。

（4）设计组合机构实现运动要求，并对从动杆进行运动分析，也可以设计平面连杆机构以实现运动轨迹，并对平面连杆机构进行运动分析。绘出运动线图。

7.2.2 设计过程

1.功能原理分析

在实际工作中,要设计的机器往往比较复杂,其使用要求或工艺要求往往需要很多的功能原理组合成一个总的功能原理。下面分析洗瓶机是通过什么功能原理来实现它所要完成的工作的。

首先,推瓶机构所采用的功能原理是用机械能迫使瓶子由工作台的一侧运动到另一侧,则要求有一个工作行程为 L 的往返运动的推头,同时推头在工作过程中要匀速,回程时要快速,能够满足此运动规律的机构可以有很多种,如可以设计成曲柄摇杆机构,或凸轮连杆机构等实现其往复运动来完成其工作。要运用此功能原理来满足其工作需要,在运动规律设计方面就要考虑用什么来带动曲柄连杆或凸轮连杆机构的转动,一般我们用电机来完成此项转动功能。

其次,导辊机构所运用的是机械的转动规律,也是机械运动中比较简单的运动规律,只需要有一定的转动速度与推瓶机构、导辊机构相配合来实现洗瓶设备的整体工作功能。它是由两个长圆柱形导辊旋转,带动瓶子旋转并且由导辊的一侧移动到另一侧的,其中导辊只完成其中的旋转功能,移动功能是由推瓶机构来实现的。

最后,要了解转刷机构所采用的功能原理,它与导辊机构运用的都是机械的转动规律,与其不同的是转刷机构的旋转要有很高的速度来完成其对瓶子外壁的清洗工作。知道了它的运动规律就要进一步了解它是由什么机构带动完成其所要求的功能的。推瓶机构、导辊机构和转刷机构都是由一台电机来提供所有的机械转动规律的,这就要求我们对它们深入分析,研究各构件之间的运动规律的联系,进而设计出符合其联动规律的整体设备,来满足我们预期想要实现的目标。

由题目可知,洗瓶机主要由推瓶机构、导辊机构、转刷机构组成。设计的推瓶机构应使推头 M 以接近均匀的速度推瓶,平稳地接触和脱离瓶子,然后,推头快速返回原位,准备第二个工作循环。

根据设计要求,推头 M 可走图 7.12 所示轨迹,而且推头 M 在工作行程中应做匀速直线运动,在工作段前后可有变速运动,回程时有急回。

图 7.12 推头 M 运动轨迹

对这种运动要求,若用单一的常用机构是不容易实现的,通常要把若干个基本机构组合起来,设计组合机构。

为了完成清洗工艺过程,需要实现下列运动功能要求,设计相应机构。

(1)要实现瓶子的旋转运动,因此需要设计相应的导辊机构。

(2)要实现旋转的瓶子沿导辊的平移运动,因此需要设计相应的推动机构。

（3）要实现瓶子洗刷,因此需要设计相应的转刷机构。

（4）应有相应的送料机构和取料机构。

（5）要节约时间,提高效率,因此还要考虑推动机构的急回特性。

对3种机构进行如下分析。

（1）导辊机构。通过合理的设计及计算,利用导辊转动所产生的摩擦力带动瓶子的旋转是可以实现的。

（2）推动机构。通过对工作行程、生产率急回系数等的分析,可以设计出满足其急回特性的推动机构。

（3）转刷机构。只需通过轴的转动来带动刷子即可。

（4）送料机构和取料机构。均采用导辊传输。

此外,还应注意以下几点。

（1）各机构间运动速度的协调。

（2）推头若沿图7.12所示的轨迹运动,则应通过计算,使推头运动时,避免与转刷机构接触。若推头仅做匀速直接运动,则不用考虑推头与转刷机构的接触。

在设计组合机构时,一般可首先考虑选择满足轨迹要求的机构（基础机构）,而沿轨迹运动时的速度要求,则通过改变基础机构主动件的运动速度来满足,也就是让它与一个输出变速度的附加机构组合。

2.分析设计要求

本部分内容包括下列几个方面。

（1）机构的型式组合

机构的型式组合即用什么机构去完成所设计的运动规律。机构的种类很多,它们可以完成许多种运动,如往复运动、往复摆动、沿直线运动、沿某一指定的曲线运动、等速转动和不等速转动等。而洗瓶机主要由推瓶机构、导辊机构、转刷机构组成。设计的推瓶机构应使推头接近均匀的速度推瓶,平稳地接触和脱离瓶子,然后,推头快速返回原位,准备第二个工作循环。根据设计要求,推头在工作行程中应做匀速直线运动,在工作前后可有变速运动,回程时有急回。对这种运动要求,若用单一的常用机构是不容易实现的,通常要把若干个基本机构组合起来,设计组合机构。

（2）推瓶机构的运动规律设计

推瓶机构的运动规律设计即怎样根据使用要求或工艺要求制定合理的运动规律。例如推瓶机构的设计,如果采用凸轮连杆机构的功能原理,则需要提出相应的运动规律来完成所要求的运动轨迹,来完成相应的实际功能;如果采用四连杆机构的功能原理,需要实现推头推瓶的均匀速度和推头快速返回原位;等等。在这些可能的运动规律中,要找出一个适合客观规律的最优方案。

（3）进瓶机构的设计

洗瓶机如要进行生产,必须要有进瓶机构作为各工序间的连接。另外进瓶机构还起到协调瓶流的作用,这意味着性能优秀的进瓶机构可以起到提高生产线的产量、效率,甚至降低成本的作用。

（4）机构的分析和综合

综合出合适的机构类型后，怎样进一步确定机构中各构件尺寸和结构形状，也是一项要研究的问题。结合实际分析连杆机构的运动规律及外形尺寸，最终确定其整体外形尺寸。洗瓶机设备只用一个动力源，实现3个功能运动的机构必须联动，并且其主要动作必须协调。

3.推瓶机构选择

推瓶机构的方案：根据前述设计要求，推瓶机构应为一具有急回特性的机构，为了提高工作效率，应使行程速比变化系数K尽量大一些；在推程（工作行程）中，应使推头做直线运动，或者近似直线运动，以保证工作的稳定性，这些运动要求并不一定都能得到满足，但是必须保证推瓶中推头的运动轨迹至少为近似直线，以此保证安全性。

推头的运动要求主要是满足急回特性，能满足急回特性的机构主要有曲柄滑块机构、曲柄转动导杆机构和曲柄摆动导杆机构。

运用前述设计的思想方法，再考虑到机构的急回特性和推头做往复直线运动的特点，所以根据要求，本机构采用了摆动导杆机构。

实现要求的机构方案有很多，可用多种机构组合来实现。

（1）凸轮-铰链四杆机构方案

如图7.13所示，铰链四杆机构的连杆2上点M近似于沿所要求的轨迹运动，点M的速度由等速转动的凸轮通过构件3的变速转动来控制。由于此方案的曲柄1是从动件，所以要注意度过死点的措施。

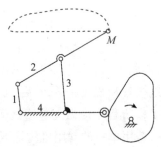

图7.13 凸轮-铰链四杆机构方案

1—曲柄；2—连杆；3—构件；4—机架

（2）五杆组合机构方案

确定一条平面曲线需要两个独立变量。因此具有两自由度的连杆机构都具有精确再现给定平面轨迹的特征。点M的速度和机构的急回特征，可通过控制该机构的两个输入构件间的运动关系来得到，如用凸轮机构、齿轮或四连杆机构来控制等。图7.14所示为五杆组合机构方案，1、4为机构的两个输入构件，这两个构件之间的运动关系用凸轮、齿轮或四连杆机构来实现，从而将原来两自由度机构系统封闭成单自由度系统。

（3）凸轮-全移动副四连杆机构的方案

如图7.15所示的全移动副四杆机构是两自由度机构，构件2上的点M可精确再现给定的轨迹,构件2的运动速度和急回特征由凸轮控制。这个机构方案的缺点是因水平方向轨迹太长,造成凸轮机构从动件的行程过大,而使相应凸轮尺寸过大。

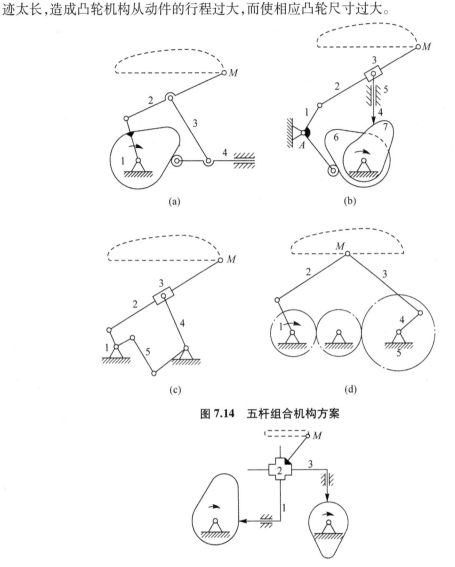

(a)

(b)

(c)

(d)

图 7.14　五杆组合机构方案

图 7.15　凸轮-全移动副四连杆机构方案

(4)最终选定推瓶方案

根据上面所给出的3种设计方案,我们来讨论并从中选出较优方案进行最终的设计。

首先是凸轮-铰链四杆机构方案,此机构结构简单、体积小,安装后便于调试,而且从经济性角度来看,也很合适。其中凸轮轴能很好协调推头的运动且工作平稳。推头 M 能够近似地完成所要求的工作行程轨迹,主要由各推杆的长度比例及凸轮的形状来实现推回程速度比和推程。但缺点是四杆机构的低副之间存在间隙,杆较多,容易产生误差,累积误差大,不能实现精确运动。冲击、震动较大,一般适用于低速场合。因为本设计中使用的连杆不多,而且速度不是很快,这种方案可以满足设计要求。

其次是五杆组合机构方案,此方案所需要的杆件繁多,设计烦琐,实际机构尺寸过大,不是很合理的一个设计方案,性价比也不高。

最后是凸轮-全移动副四连杆机构方案,此机构是两自由度机构,构件2上的点M可精确再现给定的轨迹,构件2的运动速度和急回特征由凸轮控制。这个机构方案的缺点是因水平方向轨迹太长,造成凸轮机构从动件的行程过大,而使相应凸轮尺寸过大,不符合实际要求,空间过大。

4.进瓶机构选择

进瓶机构选择间隙机构,即能够将原动件的连续转动转变为从动件周期性运动和停止的机构,如棘轮机构、槽轮机构和不完全齿轮机构等。

（1）棘轮机构

棘轮机构(图7.16)的典型结构是由摇杆、棘爪、棘轮、止动爪和机架组成的。可将主动摇杆连续往复摆动变换为从动棘轮的单向间歇转动。其棘轮轴的动程可以在较大范围内调节,且具有结构简单、加工方便、运动可靠等特点;但冲击、噪声大,且运动精度低。

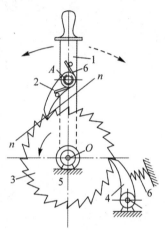

图7.16　棘轮机构简图

（2）槽轮机构

槽轮机构(图7.17)的典型机构是由主动拨盘、从动槽轮及机架组成的。可将主动拨盘的连续转动变换为槽轮的间歇转动。其具有结构简单、尺寸小、机械效率高、能较平稳地间歇转位等特点。

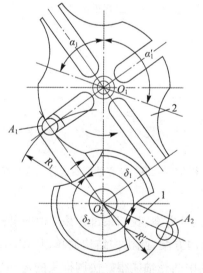

图7.17　槽轮机构简图

（3）不完全齿轮机构

不完全齿轮机构(图7.18)是由普通齿轮机构演变而得的一种间歇运动机构。不完全齿轮机构的主动轮的轮齿不是布满在整个圆周上,而是只有一个或几个齿,并根据运动时间与停歇时间的要求,在从动轮上加工出与主动轮相啮合的齿。

不完全齿轮机构设计灵活、从动轮的运动角范围大,很容易实现一个周期中的多次动、停时间不等的间歇运动。但其加工复杂;在进入和退出啮合时速度有突变,引起刚性冲击,不宜用于高速转动;主、从动轮不能互换。

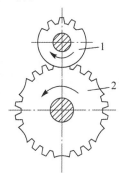

图7.18 不完全齿轮机构简图

(4)最终选定机构

通过比较分析,选择了槽轮机构,因为它相对简单、效率高、运行平稳而且能达到预计的要求。

当主动拨盘(缺口圆盘)匀速转1周,从动槽轮转90°,而传动带的导杆也转过90°,而且要等于1个瓶子的长度。而所用时间是洗瓶装置的1个来回,即$T=20$ s,则有:主动拨盘角速度$\omega=2\pi/20=0.314$ rad/s.

(5)进瓶设计说明

进瓶机构传动:进瓶机构借助大齿轮带动上图中小齿轮,又由小齿轮带动轴旋转,再由轴带动蜗轮蜗杆,然后蜗轮蜗杆带动其上的齿轮,再由齿轮带动间歇机构槽轮完成瓶子的输进。

(6)运动协调设计

将槽轮间歇机构作为进瓶主要构件,负责把瓶子传送到洗瓶装置上。因为按照生产率为3/min得到每洗1个要20 s,所以设计主动拨盘转1周所需时间为20 s,这样从动拨盘就每20 s转动90°,再让它转过90°时的路程等于1个瓶子的长度即200 mm,则可以确定主动带轮1的半径R_1,因为$s=v_1\times R_1=200$ mm,$v_1=\omega\times R_1$,$\omega=0.314$ rad/s,所以$R_1\approx100$ mm。

5.洗瓶设计说明

将推头设计成可以清洗瓶子内表面的刷子,它比瓶子的内径稍大一些,瓶子在进瓶机构的输送下开始进入洗瓶机构,在推头的作用下,后面又有洗外表面刷子的阻力,内刷子就可以很轻松地插入瓶内,待到推头的挡板抵到瓶口之后就可以推着瓶子走了。随着导辊的转动,瓶子内外表面都可以得到很好的清洗。

另外,值得注意的一点是,内刷子因为要伸到瓶子里面,所以要选用软一点的刷子,方便轻易地伸到瓶里面而不影响瓶子移动。还有就是内刷子的刷杆也要用软一点的橡胶棒,方便瓶子洗好时,借助重力脱离内刷子,顺着出瓶轨道滑出,滑入装瓶箱。

第8章
机械原理课程设计题目选编

8.1 步进输送机设计

8.1.1 工作原理

步进输送机是能间歇输送工件并使其间距始终保持稳定步长的传送机械,如图 8.1 所示,工件经过隔断板 1 从料轮滑落到辊道上,隔断板做间歇往复直线运动,工件按一定的时间间隔向下滑落。输送滑架 2 做往复直线运动;工作行程时,滑架上位于最左侧的推爪推动始点位置工件向前移动 1 个步长;当滑架返回时,始点位置又从料轮接受新的工件。由于推爪下装有压力弹簧,推爪返回时得以从工件底面滑过,工件保持不动。当滑架再次向前推进时,该推爪早已复位并推动新工件前移,与此同时,该推爪前方的推爪也推动前工位的工件一齐向前再移动 1 个步长。如此周而复始,实现工件的步进式传输。显而易见,隔断板的插断运动必须与工件的移动协调,在时间和空间上相匹配。

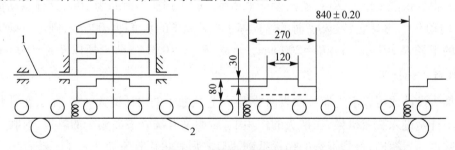

图 8.1 步进输送机布局

1—隔断板;2—输送滑架

8.1.2 原始数据及设计要求

(1)输送工件形状和尺寸如图 8.1 所示。工件质量为 60 kg,输送步长 $H = 840$ mm,允许误差为 $\delta = 0.2$ mm。

(2)辊道上允许输送工件最多为 8 件。工件底面与辊道间的摩擦系数为 0.15(当量值),输送滑架质量为 240 kg,当量摩擦因数也为 0.15。

(3)滑架工作行程平均速度为 0.42 m/s,要求保证输送速度尽可能均匀,行程速比系数 $K \geqslant 1.7$。

(4)最大摆动件线质量 20 kg/m,质心在杆长中点,绕质心线转动惯量为 2 kg·m²/m,其余构件质量与转动惯量忽略不计。发动机到曲柄轴的传动系统的等效转动惯量(视曲柄为等效转动构件)近似取为 2 kg·m²。

(5)允许速度不均匀系数为 $[\delta] = 0.1$。

(6)滑架导路水平线与安装平面高度允许在 1 100 mm 以下。

8.1.3　设计方案提示

(1)为保证推爪在推动工件前保持推程状态,输送机构的行程应大于工件输送步长 20 mm 左右。

(2)在设计步进输送机构和插断机构时,可按已知滑架行程、平均速度和行程速比系数确定曲柄转速;由已知的工件形状尺寸确定插断板单向或双向的插入深度,并据此考虑机构的布局情况,确定插断机构从动件的运动范围和运动规律。

8.1.4　设计任务

(1)根据工艺动作要求拟定运动循环图。
(2)进行插断机构、步进输送机构的选型。
(3)机械运动方案的评定和选择。
(4)根据选定的原动机和执行机构的运动参数拟订机械传动方案。
(5)对机械传动系统和执行机构进行运动尺寸计算。
(6)绘制机械运动方案简图。
(7)使用 MATLAB 或 ADAMS 进行运动和动力学仿真。
(8)按要求编写设计计算说明书。

8.2　肥皂压花机设计

8.2.1　设计要求及工艺动作过程

设计肥皂压花机,其功能是在肥皂块上利用模具压制花纹和字样,如图 8.2 所示,按一定比例将切制好的肥皂块 3 由推杆 4 送至压模工位,下模具 1 上移,将肥皂块推至固定的上模具 2 下方,靠压力在肥皂块上、下两面同时压制出图案,下模具返回时,顶杆 5 将肥皂块推出,如图 8.2(b)所示,完成 1 个运动循环。

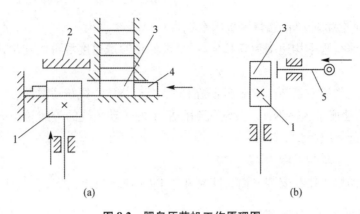

(a)   (b)

图 8.2　肥皂压花机工作原理图

1—下模具;2—上模具;3—肥皂块;4—推杆;5—顶杆

8.2.2　原始数据

每分钟压制 50 块肥皂。

8.2.3　设计方案提示

执行构件的运动均为往复运动,可采用直动从动件凸轮机构、多杆曲柄滑块机构等来实现。

8.2.4　设计任务

(1)根据工艺动作要求拟定运动循环图。

(2)进行肥皂压花机的选型,实现动作的配合。

(3)机械运动方案的评定和选择。

(4)根据选定的原动机和执行机构的运动参数拟订机械传动系统方案。

(5)对传动机构和执行机构进行运动尺寸的设计。

(6)使用 MATLAB 或 ADAMS 进行运动和动力学仿真。

(7)按要求编写设计计算说明书。

8.3　插床机构设计

8.3.1　机构简介与设计数据

1.机构简介

插床是一种用于工件内表面切削加工的机床。插床主要由齿轮机构、导杆机构和凸轮机构等组成,如图 8.3(a)所示。电动机经过减速装置(图中只画出齿轮 z_1、z_2)使曲柄 1 转动,再通过导杆机构 1—2—3—4—5—6,使装有刀具的滑块沿导路 y-y 做往复运动,以实现刀具的切削运动。刀具与工作台之间的进给运动,是由固结于轴 O_2 上的凸轮驱动摆动从动

件 O_4D 和其他有关机构(图中未画出)来完成的。为了缩短空回行程时间,提高生产率,要求刀具有急回运动。图 8.3(b)所示为阻力线图。

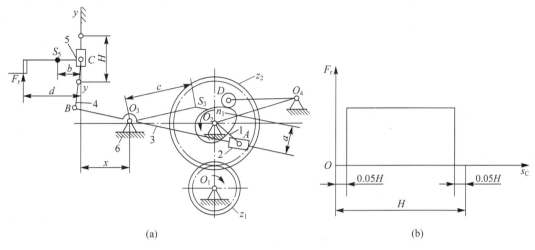

(a)　　　　　　　　　　　　　　(b)

图 8.3　插床机构简图及阻力线图

2.设计数据

插床机构设计数据如表 8.1 所示。

8.3.2　设计内容

(1)导杆机构的设计及运动分析。

已知:行程速比系数 K,滑块 5 的行程 H,中心距 lO_2O_3,比值 l_{BC}/lO_3B,各构件尺寸及质心位置,曲柄每分钟转数 n_1。

设计导杆机构,作机构 1~2 个位置的速度多边形和加速度多边形,作滑块的运动线图。整理说明书。

(2)导杆机构的动态静力分析。

已知:各构件的质量 m 及其对质心的转动惯量 J_s;工作阻力 F_r曲线如图 8.3(b)所示;运动分析中所得各质心的位置坐标及加速度等。

确定机构 1~2 个位置的各运动副反力及应加于曲柄上的平衡力矩。作图部分画在运动分析的图样上。整理说明书。

(3)用解析法校核机构运动分析和动态静力分析结果。

编写机构运动分析和力分析主程序,得到给定位置的计算结果。根据解析法的结果,分析图解法的误差及产生的原因。

表8.1　插床机构设计数据

设计内容	导杆机构的设计及运动参数								导杆机构的动态静力参数及飞轮转动惯量				
符号	n_1	K	H	$\dfrac{l_{BC}}{l_{O_3B}}$	$l_{O_2O_3}$	a	b	c	G_3	G_5	J_{S_3}	d	F_r	$[\delta]$
单位	r/min		mm		mm				N	kg·m²	mm	kN	
数据	60	2	100	1	150	50	50	125	160	320	0.14	120	1	0.04

设计内容	凸轮机构的设计								齿轮机构的设计				
符号	Ψ_{max}	$L_{O_2O_4}$	l_{O_4D}	r_0	r_r	δ_0	δ_{01}	δ'_0	δ_{02}	从动杆运动规律	z_1	z_2	m	α
单位	(°)	mm				(°)				等加速等减速			mm	(°)
数据	15	147	125	61	15	60	10	60	230		13	40	8	20

（4）凸轮机构设计。

已知：从动件的最大摆角 Ψ_{max}，从动件的运动规律及其他基本尺寸等，凸轮与曲柄共轴。

确定凸轮理论轮廓线外凸曲线的最小曲率半径 ρ_{min}，绘制从动杆的运动线图，画出凸轮实际轮廓曲线。整理说明书。

（5）齿轮机构设计。

已知：齿数 z_1、z_2，模数 m，分度圆压力角 α，正常齿制，工作情况为开式传动，齿轮与曲柄共轴。

选择变位系数，计算该对齿轮传动的各部分尺寸，以 2 号图纸绘制齿轮传动的啮合图，整理说明书。

（6）飞轮设计。

已知：机器运转的速度不均匀系数 δ，由动态静力分析所得的平衡力矩 M_b、驱动力矩 M_d 为常数。

确定安装在轴 O_2 上的飞轮转动惯量 J_F。将等效力矩图和能量指示图画在图纸上。

（7）使用 MATLAB 或 ADAMS 进行运动和动力学仿真。

（8）按要求编写设计计算说明书。

8.4 牛头刨床刨刀的往复运动机构

8.4.1 机构简介与设计数据

1.机构简介

牛头刨床是一种用于平面切削加工的机床。如图8.4(a)所示,刨床工作时,由导杆机构1—2—3—4—5带动刨头5和刨刀6做往复切削运动。工作行程时,刨刀速度要求平稳;空回行程时,刨刀要快速退回,即要有急回作用。切削阶段刨刀应近似匀速运动,以提高刨刀的使用寿命和工件的表面加工质量。切削阻力线图如图8.4(b)所示。

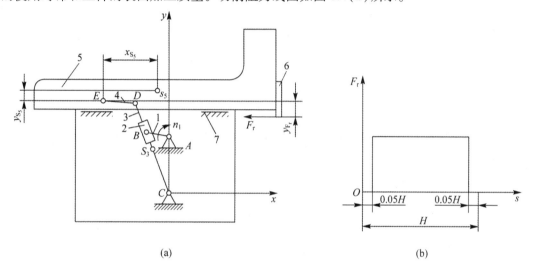

(a)   (b)

图8.4 牛头刨床机构简图及阻力线图

2.设计数据

牛头刨床机构设计数据如表8.2所示。

表8.2 牛头刨床机构设计数据

设计内容	导杆机构的运动参数								导杆机构的动态静力参数				
符号	n_1	l_{AC}	l_{AB}	l_{CD}	l_{DE}	l_{CS_3}	x_{S_5}	y_{S_5}	G_3	G_5	F_r	y_{F_r}	J_{S_3}
单位	r/min	mm								N			mm	kg·m²
方案 I	60	380	110	540	$0.25 l_{CD}$	$0.5 l_{CD}$	240	50	200	700	7 000	80	1.1
方案 II	64	350	90	580	$0.3 l_{CD}$	$0.5 l_{CD}$	200	50	220	800	9 000	80	1.2
方案 III	72	430	110	810	$0.36 l_{CD}$	$0.5 l_{CD}$	180	40	220	620	8 000	100	1.2

8.4.2　设计内容

(1)对导杆机构进行运动分析。

已知:曲柄每分钟转数 n_1,各构件尺寸及质心位置。

作机构 1~2 个位置的速度多边形和加速度多边形,作滑块的运动线图。

(2)对导杆机构进行动态静力分析。

已知:各构件的质量 m(曲柄 1、滑块 2 和连杆 5 的质量都可以忽略不计),导杆 3 的转动惯量 J_s 及切削力 F_r 变化规律如图 8.4(b)所示。

确定机构一个位置的各运动副反力及应加于曲柄上的平衡力矩。作图部分画在运动分析的图样上。整理说明书。

(3)用解析法校核机构运动分析和动态静力分析结果。

编写机构运动分析和力分析主程序,得到给定位置的计算结果。根据解析法的结果,分析图解法的误差及产生的原因。

(4)齿轮机构设计。

已知:齿数 z_1、z_2,模数 m,分度圆压力角 α,正常齿制,工作情况为开式传动,齿轮与曲柄共轴。

选择变位系数,计算该对齿轮传动的各部分尺寸,制齿轮传动的啮合图,整理说明书。

(5)使用 MATLAB 或 ADAMS 进行运动和动力学仿真。

(6)按要求编写设计计算说明书。

8.5　汽车前轮转向机构

8.5.1　机构简介与设计数据

1.机构简介

汽车的前轮转向,是通过等腰梯形机构 ABCD 驱使前轮转动来实现的。其中,两前轮分别与两摇杆 AB、CD 相连,如图 8.5 所示。当汽车沿直线行驶时(转弯半径 $R=\infty$),左右两轮轴线与机架 AD 成一条直线;当汽车转弯时,要求左右两轮(或摇杆 AB 和 CD)转过不同的角度 α、β。理论上希望前轮两轴延长线的交点 P 始终能落在后轮轴的延长线上。这样,整个车身就能绕 P 点转动,使四个轮子都能与地面形成纯滚动,以减少轮胎的磨损。因此,根据不同的转弯半径 R(汽车转向行驶时,各车轮运行轨迹中最外侧车轮滚出的圆周半径),就要求左右两轮轴线(AB、CD)分别转过不同的角度 α 和 β,其关系如下。

如图 8.5 所示为汽车右拐时

$$\tan \alpha = \frac{L}{R-d-B} \qquad \tan \beta = \frac{L}{R-d}$$

所以 α 和 β 的函数关系为

$$\cot \beta - \cot \alpha = B/L$$

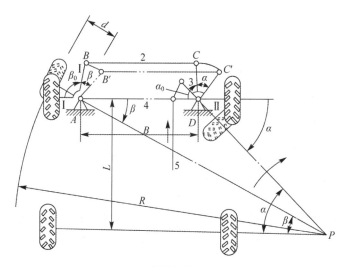

图 8.5　汽车前轮转向机构简图

同理,当汽车左拐时,由于对称性,有 $\cot\alpha-\cot\beta=B/L$,故转向机构 $ABCD$ 的设计应尽量满足以上转角要求。

2.设计数据

汽车前轮转向机构设计数据如表 8.3 所示。要求汽车沿直线行驶时,铰链四杆机构左右对称,以保证左右转弯时具有相同的特性。该转向机构为等腰梯形双摇杆机构,设计此铰链四杆机构。

表 8.3　汽车前轮转向机构设计数据　　　　　　　　　　　　　　　mm

参数		轴距	轮距	最小转弯半径	销轴到车轮中心的距离
符号		L	B	$R_{\min}$	d
型号	途乐 GRX	2 900	1 605	6 100	400
	途乐 GL	2 900	1 555	6 100	400
	尼桑公爵	2 800	1 500	5 500	500

8.5.2　设计内容

(1)根据转弯半径 $R_{\min}$ 和 $R_{\max}=\infty$(直线行驶),求出理论上要求的转角 α 和 β 的对应值。要求最少 2 组对应值。

(2)按给定两连架杆两对应角位移,且尽可能满足直线行驶时机构左右对称的附加要求,用图解法设计铰链四杆机构 $ABCD$。

(3)机构初始位置一般通过经验或实验来决定,一般可在下列数值范围内选取 $\alpha_0=96°\sim103°$,$\beta_0=77°\sim84°$。建议 α_0 取 $102°$,β_0 取 $78°$。

(4)用图解法检验机构在常用转角范围 $\alpha\leqslant20°$ 时的最小传动角 $\gamma_{\min}$。

(5)使用 MATLAB 或 ADAMS 进行运动和动力学仿真。

(6)按要求编写设计计算说明书。

8.6 铰链式颚式破碎机

8.6.1 机构简介与设计数据

1.机构简介

颚式破碎机是一种用来破碎矿石的机械,如图 8.6 所示。机器经带传动(图中未画)使曲柄 2 顺时针方向回转,然后通过构件 3、4、5 使动颚板 6 做往复摆动。当动颚板 6 向左摆向固定于机架 1 上的定颚板 7 时,矿石即被轧碎;当动颚板 6 向右摆离定颚板 7 时,被轧碎的矿石即落下。由于机器在工作过程中载荷变化很大,将影响曲柄和电动机的匀速转动。为了减少主轴速度的波动和电动机的容量,在曲柄轴 O_2 的两端各装一大小和重量完全相同的飞轮,其中一个兼作带轮用。

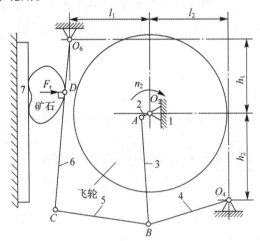

图 8.6 颚式破碎机简图

2.设计数据

铰链式颚式破碎机设计数据如表 8.4 所示。

表 8.4 铰链式颚式破碎机设计数据

设计内容	连杆机构的运动参数								
符号	n_2	l_{O_2A}	l_1	l_2	h_1	h_2	l_{AB}	l_{O_4B}	l_{BC}	l_{O_6C}
单位	r/min	mm								
数据	170	100	1 000	940	850	1 000	1 250	1 000	1 150	1 960
设计内容	导杆机构的动态静力参数							飞轮转动惯量	
符号	l_{O_6D}	G_3	J_{S_3}	G_4	J_{S4}	G_5	J_{S_5}	G_6	J_{S_6}	δ
单位	mm	N	kg·m²	N	kg·m²	N	kg·m²	N	kg·m²	
数据	600	5 000	25.5	2 000	9	2 000	9	9 000	50	0.15

8.6.2 设计内容

（1）连杆机构的运动分析。

已知：各机构尺寸及质心位置（构件 2 的质心在 O_2，其余构件的质心均位于构件的中心），曲柄转速为 n_2。

要求：作机构运动简图，机构 1~2 个位置的速度多边形和加速度多边形。

（2）连杆机构的动态静力分析。

已知：各构件重力 m 及对质心轴的转动惯量 J_s；工作阻力 F_r 曲线如图 8.7 所示，F_r 的作用点为 D，方向垂直于 O_6C；运动分析中所得的结果。

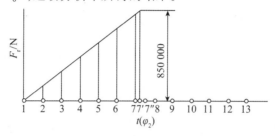

图 8.7 工作阻力 F_r 曲线

要求：确定机构一个位置的各运动副反作用力及需加在曲柄上的平衡力矩 M_b。

（3）用解析法校核机构运动分析和动态静力分析结果。

编写机构运动分析和力分析主程序，得到给定位置的计算结果。根据解析法的结果，分析图解法的误差及产生的原因。

（4）飞轮设计。

已知：机器运转的速度不均匀系数 δ，由动态静力分析所得的平衡力矩 M_b 以及驱动力矩 M_d 为常数。

要求：确定安装在轴 O_2 上的飞轮的转动惯量 J_F。

（5）使用 MATLAB 或 ADAMS 进行运动和动力学仿真。

（6）按要求编写设计计算说明书。

8.7 压 床

8.7.1 机构简介及设计数据

1.机构简介

图 8.8 所示为压床机构简图。其中，六杆机构 *ABCDEF* 为其主体机构，电动机经联轴器带动减速器的 3 对齿轮 z_1-z_2、z_3-z_4、z_5-z_6 将转速降低，然后带动曲柄 1 转动，六杆机构使滑块 5 克服阻力 F_r 而运动。为了减小主轴的速度波动，在曲轴 4 上装有飞轮，在曲柄轴的另一端装有供润滑连杆机构各运动副用的油泵凸轮。

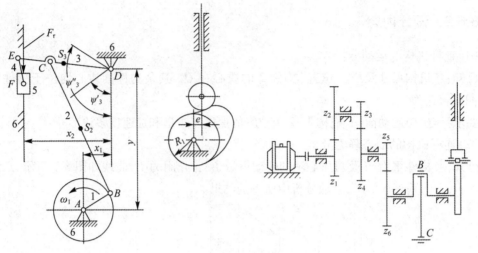

图 8.8　压床机构简图

2.设计数据

压床机构设计数据如表 8.5 所示。

表 8.5　压床机构设计数据

设计内容	连杆机构的设计及运动参数											齿轮机构的设计			
符号	x_1	x_2	y	Ψ'_3	Ψ''_3	H	$\dfrac{CE}{CD}$	$\dfrac{EF}{DE}$	n_1	$\dfrac{DS_2}{BC}$	$\dfrac{DS_3}{DE}$	z_5	z_6	α	m
单位	mm			(°)		mm			r/min					(°)	mm
方案 I	50	140	220	60	120	150	1/2	1/4	100	1/2	1/2	11	38	20	5
方案 II	60	170	260	60	120	180	1/2	1/4	90	1/2	1/2	10	35	20	6
方案 III	70	200	310	60	120	210	1/2	1/4	90	1/2	1/2	11	32	20	6
设计内容	凸轮机构的设计					连杆机构的动态静力参数及飞轮转动惯量						
符号	h	$[\alpha]$	δ	δ_{01}	δ'_0	从动杆运动规律	G_2	G_3	G_5	J_{S_2}	J_{S_3}	F_{rmax}	δ
单位	mm		(°)				N			kg·m²		N	
方案 I	17	30	55	25	85	余弦	660	440	300	0.28	0.085	4 000	1/30
方案 II	18	30	60	30	80	等加速	1 060	720	550	0.64	0.2	7 000	1/30
方案 III	19	30	65	35	75	正弦	1 600	1 040	840	1.35	0.39	11 000	1/30

8.7.2　设计内容

(1)连杆机构的设计及运动分析。

已知:中心距 x_1、x_2、y,构件 3 的上下极限角 Ψ''_3、Ψ'_3,滑块的冲程 H,比值 CE/CD、EF/DE,各构件质心 S 的位置,曲柄转速 n_1。

要求:设计连杆机构,作机构运动简图、机构 1~2 个位置的速度多边形和加速度多边形、滑块的运动线图。

（2）连杆机构的动态静力分析。

已知：各构件的重力 m 及其对质心轴的转动惯量 J_s（曲柄 1 和连杆 4 的重力和转动惯量略去不计），阻力线图（图 8.9）以及连杆机构设计和运动分析中所得的结果。

要求：确定机构一个位置的各运动副中的反作用力及加于曲柄上的平衡力矩。

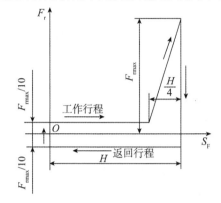

图 8.9　阻力线图

（3）用解析法校核机构运动分析和动态静力分析结果。

编写机构运动分析和力分析主程序，得到给定位置的计算结果。根据解析法的结果，分析图解法的误差及产生的原因。

（4）飞轮设计。

已知：机器运转的速度不均匀系数 δ，由动态静力分析中所得的平衡力矩 M_b；驱动力矩 M_d 为常数，飞轮安装在曲柄轴 A 上。

要求：确定飞轮转动惯量 δ_0。

（5）凸轮机构设计。

已知：从动件冲程 H，许用压力角 $[\alpha]$，推程角 δ_0，远休止角 δ_0，回程角 δ_0，从动件的运动规律见表 8.5，凸轮与曲柄共轴。

要求：按 $[\alpha]$ 确定凸轮机构的基本尺寸，求出理论廓线外凸曲线的最小曲率半径 ρ_{min}，选取滚子半径 r_r，绘制凸轮实际廓线。

（6）齿轮机构的设计。

已知：齿数 Z_5、Z_6，模数 m，分度圆压力角 α；齿轮为正常齿制，工作情况为开式传动，齿轮 Z_6 与曲柄共轴。

要求：选择两轮变位系数 x_1 和 x_2，计算该齿轮传动的各部分尺寸，绘制齿轮传动的啮合图。

（7）使用 MATLAB 或 ADAMS 进行运动和动力学仿真。

（8）按要求编写设计计算说明书。

8.8 膏体自动灌装机设计

8.8.1 工作原理

膏体自动灌装机是通过出料活塞杆上下往复运动实现膏体灌装入盒内的,其主要工艺动作如下。

(1)将空盒送入六工位转盘,利用转盘间歇运动变换不同工位。

(2)在灌装工位上空盒上升灌入膏体。

(3)在贴锡纸工位上粘贴锡纸。

(4)在盖盒盖工位上将盒盖压下。

(5)送出成品。

8.8.2 原始数据及设计要求

(1)膏体自动灌装机的生产能力为 60 盒/min。

(2)膏体盒尺寸:直径 $D = 30 \sim 50$ mm,高度 $h = 10 \sim 15$ mm。

(3)工作台面离地面的距离为 1 100~1 200 mm。

(4)要求机构的结构简单紧凑,运动灵活可靠,易于制造。

8.8.3 设计方案提示

(1)六工位转盘机构可采用槽轮机构、不完全齿轮机构、凸轮式间歇运动机构等。

(2)空盒上升可采用凸轮机构。

(3)锡纸纸库下降可采用凸轮机构。

(4)压盖机构可采用凸轮机构。

为使上述各机构实现同步、协调工艺动作,3 个凸轮可装在同一轴上。

8.8.4 设计任务

(1)根据工艺动作要求拟定运动循环图。

(2)进行转盘间歇运动机构、空盒上升机构、锡纸纸库下降机构、压盖机构的选型。

(3)机械运动方案的评定和选择。

(4)根据选定的电动机和执行机构的运动参数拟订机械传动方案。

(5)对机械传动系统和执行机构进行几何尺寸和运动学参数计算。

(6)画出机械运动简图。

(7)使用 MATLAB 或 ADAMS 进行运动和动力学仿真。

(8)按要求编写设计计算说明书。

8.9 巧克力糖自动包装机设计

8.9.1 设计要求

设计巧克力糖自动包装机。包装对象为圆台状巧克力糖,如图 8.10 所示,包装材料为厚 0.08 mm 的金色铝箔纸。包装后外形应美观挺拔,铝箔纸无明显损伤、撕裂或褶皱,如图 8.11所示。包装工艺方案为:纸坯采用卷筒纸,纸片水平放置,间歇剪切式供纸,如图 8.12所示。包装工艺动作如下。

(1)将 64 mm×64 mm 铝箔纸覆盖在巧克力糖 ϕ17 mm 小端上方。

(2)使铝箔纸沿糖块锥面强迫成型。

(3)将余下的铝箔纸分半,先后向 ϕ24 mm 大端面上褶去,迫使包装纸紧贴巧克力糖。

其设计数据如表 8.6 所示。

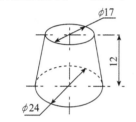

图 8.10 圆台状巧克力糖

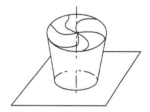

图 8.11 包装后的巧克力糖

（a） （b） （c） （d）

图 8.12 巧克力糖自动包装机包装工艺动作

表 8.6 设计数据

方案号	A	B	C	D	E	F	G	H
电动机转速/(r·min⁻¹)	1 440	1 440	1 440	960	960	820	820	780
包装糖果数目/(个·min⁻¹)	120	90	60	120	90	90	80	60

具体设计要求如下。

(1)要求设计巧克力糖自动包装机的间歇剪切式供纸机构、铝箔纸锥面成型机构、褶纸机构以及巧克力糖自动的送推料机构。

(2)整台机器外形尺寸(宽×高)不超过 800 mm×1 000 mm。

(3)锥面成型机构不论采用平面连杆机构、凸轮机构或是其他常用机构,要求成型动作尽量等速,起、停时冲击小。

8.9.2 设计方案提示

(1)剪纸与供纸动作连续完成。

(2)铝箔纸锥面成型机构一般可采用凸轮机构、平面连杆机构等。

(3)实现褶纸动作的机构有多种选择,包括凸轮机构、摩擦滚轮机构等。

(4)巧克力糖的送推料机构可采用平面连杆机构或凸轮机构。

(5)各个动作应有严格的时间顺序关系。

8.9.3 设计任务

(1)巧克力糖自动包装机一般应包括凸轮机构、平面连杆机构、齿轮机构等。

(2)设计传动系统并确定其传动比分配。

(3)绘制机器的机构运动方案简图和运动循环图。

(4)设计平面连杆机构,并对平面连杆机构进行运动分析,绘制运动线图。

(5)设计凸轮机构。确定运动规律,选择基圆半径,计算凸轮廓线值,校核最大压力角与最小曲率半径。绘制凸轮机构设计图。

(6)设计计算齿轮机构。

(7)使用 MATLAB 或 ADAMS 进行运动和动力学仿真。

(8)按要求编写设计计算说明书。

8.10 三面切书自动机设计

8.10.1 工作原理及工艺动作

三面切书自动机的功用是切去书籍的 3 个余边,其工作原理及工艺动作分解如图 8.13 所示,该系统由送料机构Ⅰ、压书机构Ⅱ、侧刀机构Ⅲ和横刀机构Ⅳ四个部分组成。在一个循环周期中(主轴旋转 1 周),各机构的执行机构完成对书籍的送料、压书、切去余边的工作任务。

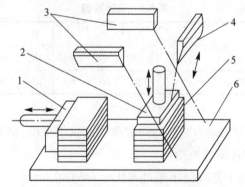

图 8.13 三面切书机工艺示意图

1—送料执行机构;2—压书执行机构;3—两侧切书刀执行机构;4—横切书刀执行机构;5—书本;6—工作台

(1)送料机构Ⅰ:将传输带上输送过来的有一定高度的书本送至切书工位。

（2）压书机构Ⅱ：将在切书工位的书本压紧。

（3）侧刀机构Ⅲ：将已压好的书的两侧切去余边。

（4）横刀机构Ⅳ：将已切去书的两侧余边的书本再切去前面余边。

8.10.2　原始数据及设计要求

（1）被切书摞长×宽×高尺寸为 260 mm×185 mm×90 mm，质量为 5 kg。

（2）推书行程为 370 mm，压头行程为 400 mm，侧刀行程为 350 mm，横刀行程为 380 mm。

（3）生产率为 6 摞/min。

（4）要求选用的机构简单、轻便，运动灵活可靠。

8.10.3　运动方案构思提示

（1）由于推书运动是间歇往复直线运动，能满足该运动规律的机构有移动从动件圆柱或盘形凸轮机构、凸轮与摆杆滑块机构以及带滑块的六杆机构等。

（2）压书机构的压头做间歇往复运动，在切书过程中始终压住书籍，故停歇时间较长，适用的机构有凸轮机构、带凸轮的组合机构或采用图 8.14 所示的机构。

（3）侧刀机构的侧刀共两把，分别切除书籍的两侧边，其机构简图如图 8.15 所示。

（4）横刀机构简图如图 8.16 所示，它由空间曲柄连杆机构驱动横刀滑板在横刀斜导轨中滑动，使横刀下滑，切除书籍前面多余的纸边。

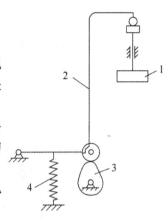

图 8.14　压书机构简图

1—压书板；2—杠杆；
3—凸轮；4—压书弹簧

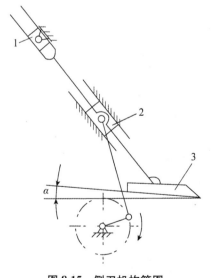

图 8.15　侧刀机构简图

1—导向块；2—曲柄滑块机构；3—侧刀

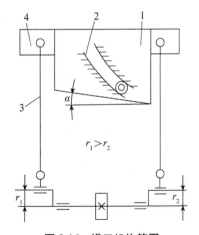

图 8.16　横刀机构简图

1—横切书刀；2—横刀斜导轨；
3—空间曲柄连杆机构；4—横刀滑板

（5）上述 4 个机构的主动构件须用同一主轴驱动，这样才能在 1 个循环周期内使各机构的执行构件各自完成分功能运动的要求。

8.10.4　设计任务

(1)根据功能要求,确定工作原理和绘制系统功能图。

(2)按工艺动作过程拟定运动循环图。

(3)构思机构系统运动方案(至少两个),进行方案评价,选出最优方案。

(4)对传动机构和执行机构进行运动尺寸设计。

(5)绘制系统的机械运动方案简图。

(6)使用 MATLAB 或 ADAMS 进行运动和动力学仿真。

(7)按要求编写设计计算说明书。

8.11　平压印刷机

8.11.1　机构简介及设计数据

1.机构简介

平压印刷机是一种简易印刷机,适合于印刷各种 8 开以下的印刷品。其工作原理:将油墨刷在固定的平面铅字版上,然后将装夹了白纸的平板印头与其紧密接触而完成 1 次印刷。其工作过程犹如盖图章,平压印刷机中的"图章"是不动的,纸张贴近时完成印刷。

如图 8.17 所示,平压印刷机需实现 3 个动作:装有白纸的印头往复摆动,油辊在固定铅字版上上下滚动,油盘转动使油辊上油墨均匀。

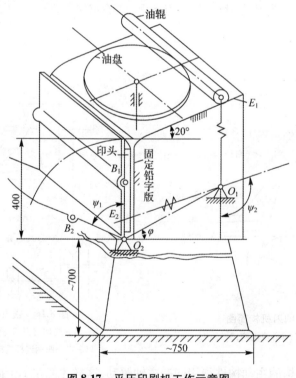

图 8.17　平压印刷机工作示意图

2.设计数据

(1)实现印头、油辊、油盘运动的机构由一个电动机带动,通过传动系统使其具有1 600~1 800次/h 的印刷能力。

(2)电动机功率 $P = 0.75$ kW、转速 $n_D = 910$ r/min,电动机可放在机架的左侧或底部。

(3)印头摆角为70°,印头返回行程和工作行程的平均速度之比 $k = 1.118$。

(4)油辊摆杆自垂直位置运动至铅字版下端的摆角为110°。

(5)油盘直径为400 mm,油辊的起始位置就在油盘边缘。

(6)要求机构的传动性能良好,结构紧凑,易于制造。

8.11.2 设计任务

(1)方案设计。根据设计题目提出的要求构思和选择方案,针对印头机构、油辊机构和油盘机构,每人选择2~3种运动方案,要考虑这3个机构如何进行联动,并对其传动性能进行分析比较,画出运动方案草图。小组综合5~6种运动方案,对运动方案进行评定和选择,最后选择一种,完成如下工作。

(2)选择电动机及总传动比。按选定的电动机及执行机构运动参数拟订机械传动方案。

(3)拟定机构运动循环图。按选定的方案,按比例画出整个机构组合系统运动简图及其运动循环图。

(4)机构设计。选取3个机构中的1个,用图解法或解析法对工作台回转机构或主轴箱往复运动机构进行运动分析,绘出从动件的位移、速度、加速度曲线图。若用图解法,则可由方案相同的几个同学合作完成整个运动线图;若用计算机辅助分析,则应附计算机程序及打印结果,并对所设计机构进行动画仿真,以检验机构运动的可行性和合理性。

(5)使用 MATLAB 或 ADAMS 进行运动和动力学仿真。

(6)按要求编写设计计算说明书。

8.12 蜂窝煤成型机

8.12.1 机构简介及设计数据

1.机构简介

冲压式蜂窝煤成型机是我国城镇蜂窝煤(通常又称煤饼,在圆柱形饼状煤中冲出若干通孔)生产厂的主要生产设备。它将粉煤加入转盘上的模筒内,经冲头冲压成蜂窝煤。如图8.18所示,冲头和脱模盘与上下移动的滑梁连成一体。当滑梁下冲时,冲头将粉煤冲压成蜂窝煤,脱模盘将已压成的蜂窝煤脱模。在滑梁上升的过程中,扫屑刷将刷除冲头和脱模盘上黏着的粉煤。模筒转盘上均布有模筒,转盘的间隙运动使加料后的模筒进入冲压位置、成型后的模筒进入脱模位置,空的模筒进入加料位置。为了实现蜂窝煤冲压成型,冲压式蜂窝煤成型机必须完成五个动作。

（1）粉煤加料。

（2）冲头将蜂窝煤压制成型。

（3）清除冲头和出煤盘的积屑的扫屑运动。

（4）将在模筒内冲压后的蜂窝煤脱模。

（5）将冲压成型的蜂窝煤输送装箱。

2.设计数据及要求

（1）蜂窝煤成形机的生产能力：30 次/min。

（2）驱动电动机：Y180L—8、功率 $P = 11$ kW、转速 $r_t =$ 710 r/min。

（3）冲压成型时的生产阻力达到 10^5 N。

（4）为了改善蜂窝煤冲压成型的质量，希望在冲压后有一段短暂的保压时间。

（5）由于冲头要产生较大压力，希望冲压机构具有增力功能，以增大有效力作用，减小原动机的功率。

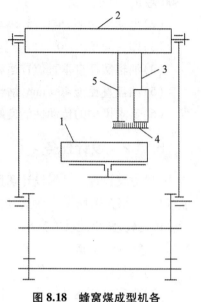

图 8.18　蜂窝煤成型机各部分位置示意图
1—模筒转盘；2—滑梁；3—冲头；
4—扫屑刷；5—脱模盘

8.12.2　设计方案提示

冲压式蜂窝煤成型机应考虑三个机构的选型和设计：冲压和脱模机构、扫屑机构和模筒转盘的间歇运动机构。

冲压和脱模机构可采用对心曲柄滑块机构、偏置曲柄滑块机构、六杆冲压机构；扫屑机构可采用附加滑块摇杆机构、固定移动凸轮—移动从动件机构；模筒转盘间歇运动机构可采用槽轮机构、不完全齿轮机构、凸轮式间歇运动机构。

为了减小机器的速度波动和选择较小功率的驱动电动机，可以附加飞轮。

8.12.3　设计任务

（1）方案设计。根据设计题目提出的要求构思和选择方案，针对冲压和脱模机构、扫屑机构和模筒转盘的间歇运动机构，每人选择 2~3 种运动方案，要考虑这 3 个机构如何进行联动，并对其传动性能进行分析比较，画出运动方案草图。小组综合 5~6 种运动方案，对运动方案进行评定和选择，最后选择一种，对传动机构和执行机构进行运动尺寸计算，并完成如下工作。

（2）选择电动机及总传动比。按选定的电动机及执行机构运动参数拟订机械传动方案。

（3）拟定机构运动循环图。按选定的方案，按比例画出整个机构组合系统运动简图及其运动循环图。

（4）机构设计。选取 3 个机构中的 1 个，取两个位置用图解法对进行运动和力分析；然后用计算机辅助验证结果的准确性。附计算机程序及打印结果，并对所设计机构进行动画仿真，以检验机构运动的可行性和合理性。

（5）使用 MATLAB 或 ADAMS 进行运动和动力学仿真。

（6）按要求编写设计计算说明书。

8.13 平板搓丝机

8.13.1 机构简介及设计数据

1.机构简介

图 8.19 为平板搓丝机结构示意图,该机器用于搓制螺纹。电动机 1 通过 V 带传动、齿轮传动 3 减速后,驱动曲柄 4 转动,通过连杆 5 驱动下搓丝板(滑块)6 往复运动,与固定上搓丝板 7 一起完成搓制螺纹功能。滑块往复运动一次,加工一个工件。送料机构(图中未画)将置于料斗中的待加工棒料 8 推入上、下搓丝板之间。

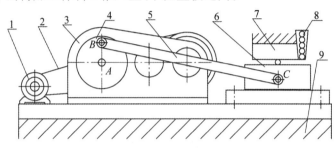

图 8.19 平板搓丝机结构示意图

1—电动机;2—皮带;3—齿轮传动;4—驱动曲柄;5—连杆;6—下搓丝板;7—上搓丝板;8—棒料;9—工作台

2.设计数据与要求

平板搓丝机设计数据如表 8.7 所示。

表 8.7 平板搓丝机设计数据

分组	最大加工直径 /mm	最大加工长度 /mm	滑块行程 /mm	搓丝动力 /kN	生产率 /(件·min^{-1})
1	8	160	300~320	8	40
2	10	180	320~340	9	32
3	12	200	340~360	10	24
4	14	220	360~380	11	20

该机器室内工作,故要求振动、噪声小,动力源为三相交流电动机,电动机单向运转,载荷较平稳。工作期限为 10 a,每年工作 300 d;每日工作 8 h。

8.13.2 设计任务

(1)绘制机构运动简图。

针对图 8.19 所示的平板搓丝机传动方案,依据设计要求和已知参数,确定各构件的运动尺寸,绘制机构运动简图。

(2)曲柄滑块机构的运动分析。

假设曲柄 AB 等速转动,作机构 1~2 个位置的速度多边形和加速度多边形,作滑块的运动线图。

（3）曲柄滑块机构的动态静力分析。

已知：在工作行程中,滑块 C 所受的阻力为常数(搓丝动力),在空回行程中,滑块 C 所受的阻力为常数 1 kN;不考虑各处摩擦、其他构件重力和惯性力的条件下,分析曲柄所需的驱动力矩。

确定机构 1~2 个位置的各运动副反力及应加于曲柄上的平衡力矩。作图部分画在运动分析的图样上。整理说明书。

（4）用解析法校核机构运动分析和动态静力分析结果。

编写机构运动分析和力分析主程序,得到给定位置的计算结果。根据解析法的结果,分析图解法的误差及产生的原因。

（5）飞轮设计。

已知：机器运转的速度不均匀系数 δ,由动态静力分析所得的平衡力矩 M_b、驱动力矩 M_d 为常数。

取曲柄轴为等效构件,确定应加于曲柄轴上的飞轮转动惯量。将等效力矩图和能量指示图画在图纸上。

（6）使用 MATLAB 或 ADAMS 进行运动和动力学仿真。

（7）按要求编写设计计算说明书。

8.14 小型卧式模锻机执行机构

8.14.1 设计题目

1.机构简介

为锻造长杆类锻件(如图 8.20 所示锻件,系用棒料局部镦粗而成),今需设计一台将杆料水平置放后用活动凹模 3(图 8.21)及固定凹模 2 将其夹紧后再用水平置放的冲头 1 进行顶锻工作的卧式模锻机。拟用电动机通过传动装置带动夹料机构首先使活动凹模 3 向前移动,与固定凹模 2 合拢,以夹紧棒料。然后主滑块 1 带动冲头进行顶锻,锻件成形后,待冲头 1 返回离开凹模后(返回距离约占冲头全行程的 1/8~1/3),由夹料机构带着活动凹模 3 返回,松开杆料回到初始位置。在顶锻过程中要求两半凹模始终处于夹紧状态,不能自动松开。要求设计该小型卧式模锻机执行机构和传动系统,以满足上述顶锻工艺要求。

2.设计数据与要求

（1）电动机同步转速：$n_m = 1\ 000$ r/min 或 1 500 r/min。

（2）冲头顶锻次数为每分钟 50~75 次。

（3）主滑块 1 的全行程 $H = 200\sim380$ mm。

（4）顶锻工艺开始后冲头的工作行程 $H_1 = (1/2\sim2/3)H$。

（5）活动凹模 3 的总行程 $h = 60 \sim 80$ mm。

（6）作用在主滑块上的顶锻力 $F_1 = 250 \sim 500$ kN。

（7）作用在活动凹模 3 上的夹紧力 $F_2 = F_1/3$。

（8）要求该模锻机的机械效率高，振动冲击小。

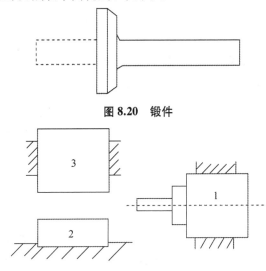

图 8.20 锻件

1—冲头；2—固定凹模；3—活动凹模

图 8.21 卧式模锻机执行构件

8.14.2 设计参考方案

小型卧式模锻机的参考方案如图 8.22 所示。

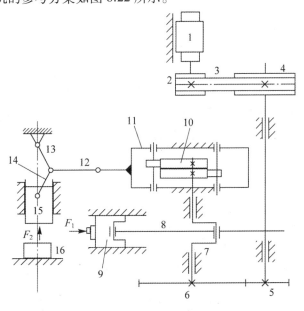

图 8.22 小型卧式模锻机参考方案

电动机 1 经 V 带传动 2-3-4 和齿轮传动 5-6 减速后，带动曲轴 7 转动。锻压机构采用曲柄滑块机构。活动凹模 15 的开闭及夹紧动作与主传动机构的运动配合,由固联在曲轴上的主回凸轮机构 10(推杆与滑块 11 固联)及连杆机构 12-13-14-15 来实现。当杆料放入固定凹模 16 内以后,活动凹模 15 向杆料接近并夹紧它,然后,带有冲头的主滑块 9 就可以完成顶锻工作。

设计提示如下。

(1)冲头 9 的行程 H 以及曲柄-连杆比($\lambda = AB/O_6A = 3 \sim 4$)确定主传动曲柄滑块机构的主要尺寸,同时对主传动机构进行速度及加速度分析,并可作出运动线图。

(2)根据夹紧行程 h、滑块 11 行程 h_{11},按夹紧要求设计连杆机构,并要求在夹紧行程的最后 10 mm 范围内满足最小传动角 γ_{min} 的要求;同时按顶锻时活动凹模应处于自锁状态要求,建议先选定杆件的两个极限位置,并选定 L_{CD}/L_{ED} 及 L_{EF}/L_{ED} 的值后初步设计六杆机构,再检查是否满足最小传动角的要求。

(3)根据滑块 11 行程 h_{11}(凸轮机构中推杆的行程)及运动循环图设计主回凸轮机构。设计时推杆的运动规律由设计者自行选定,凸轮基圆半径按安装凸轮处的轴径确定,转子直径由设计者选定。

(4)对主传动曲柄滑块机构可以进行动态静力分析,求出各运动副中的支反力,亦可求出曲柄 O_BA 上的平衡力矩,进而求得曲柄上的功率,再考虑效率,求得电动机的功率。

(5)根据机器的运转不均匀系数 $\delta < [\delta]$ 的要求,计算飞轮(大带轮 4)的转动惯量。计算时可忽略控制锻模的连杆机构中各杆(11~15)质量的影响。电机转子及小带轮等的转动惯量,在精确计算时应予考虑,本设计暂可忽略不计。

(6)确定在曲轴 7 上应加的平衡配重(凸轮处暂不考虑)。

8.14.3　设计任务

(1)方案设计。根据设计题目提出的要求构思和选择方案,要求每人选择 2~3 种刀具进给机构和工作台转位机构的组合系统运动方案,并对其传动性能进行分析比较,画出运动方案草图。小组综合 5~6 种运动方案,最后选择 1 种,完成如下工作。

①根据上述要求进行机构的选型。

②经运动及动力分析与设计后确定传动方案,绘制机构运动简图。

③绘制设计图样。

④编写设计说明书。

(2)确定行程时间。根据生产率要求及刀具匀速进给的要求和行程速比系数 k 值.确定工作行程和回程时间。

(3)选择电动机及总传动比。确定执行机构(工作台回转机构和主轴箱往复运动机构)主动件的转速,选择电动机及其转速,确定电动机到执行机构的总传动比及各级传动比,并选择相应各级机构的类型。

(4)拟定机构运动循环图。按选定的方案,按比例画出整个机构组合系统运动简图及其运动循环图。

(5)机构设计。设计工作台回转机构和主轴箱往复运动机构(保留作图辅助线);用图解法或解析法对工作台回转机构或主轴箱往复运动机构进行运动分析,绘出从动件的位移、速度、加速度曲线图。若用图解法,则可由方案相同的几个同学合作完成整个运动线图;若用计算机辅助分析,则应附计算机程序及打印结果,并对所设计机构进行动画仿真,以检验机构运动的可行性和合理性。

(6)使用 MATLAB 或 ADAMS 进行运动和动力学仿真。

(7)按要求编写设计计算说明书。

8.15　木地板连接榫舌和榫槽切削机

8.15.1　设计题目

1.机构简介

室内地面铺设的木地板是由许多小块预制板通过周边的榫舌和榫槽连接而成,如图 8.23 所示。为了保证榫舌和榫槽加工精度,以减小连接处的缝隙,需设计一台榫舌和榫槽成型半自动切削机。榫舌和榫槽切削机工艺动作如图 8.24 所示。

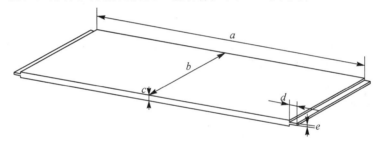

图 8.23　木地板预制板及其上的榫舌

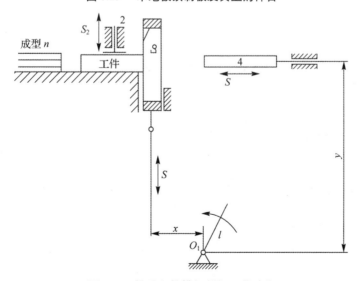

图 8.24　榫舌和榫槽切削机工艺动作

先由构件 2 压紧工作台上的工件,接着端面铣刀 3 将工件的右端面切平,然后构件 2 松开工件,推杆4推动工件向左直线移动,通过固定的榫舌或榫槽成型刀,在工件上的全长上切出榫舌或榫槽。

2.设计数据及要求

榫舌和榫槽切削机设计数据如表8.8所示。

表8.8 榫舌和榫槽切削机设计数据

分组 参数	1	2	3	4
木地板尺寸 $a×b×c/(mm×mm×mm)$	450×50×8	550×60×10	750×80×12	850×90×15
榫舌或槽口尺寸 $d×e/(mm×mm)$	4×3	4.5×4	5×5	5.5×6
执行机构主动件1坐标 x,y	50、220	60、230	65、240	70、240
执行构件行程 S_2、S_3、S_4/mm	18、20、80	20、24、90	25、28、100	30、32、120
推杆4工作载荷/N	2 000	2 500	3 000	3 500
端面切刀3工作载荷/N	1 500	1 800	2 000	2 200
生产率/(件·min^{-1})	80	70	60	50

设计要求及任务:推杆在推动工件切削榫槽过程中,要求工件做近似等速运动。室内工作,载荷有轻微冲击,原动机为三相交流电动机,使用期限为10 a,每年工作300 d,每天工作16 h,每半年做1次保养,大修期为3 a。

8.15.2 设计任务

(1)设计机构系统总体运动方案。

(2)绘制系统运动简图。

(3)进行必要的运动分析和动力分析。

(4)完成系统运动方案论证报告。

(5)使用 MATLAB 或 ADAMS 进行运动和动力学仿真。

(6)按要求编写设计计算说明书。

8.16 设计并制作小型机器

8.16.1 设计题目

搜集生活中常用的简单机器,设计并加工出来(如果机器的实际尺寸较大,可以采用缩小的比例)。材料可以使用木材或者聚合物,加工方式可以使用3D打印或者车床加工。题目包含但不限于:

1.压力机。

2.打印机执行机构。

3.机械原理教具。

4.机械手。

5.医院用折叠床。

6.乒乓球发球机。

7.游乐场游乐机械。

8.仿生机械(例如蜻蜓、蜈蚣、蝎子等)。

8.16.2　设计任务

1.设计机构系统总体运动方案。

2.绘制系统运动简图。

3.进行必要的运动分析和动力分析。

4.完成系统运动方案论证报告。

5.加工实物。

6.按要求编写设计计算说明书。

参 考 文 献

[1]戴娟.机械原理课程设计指导书[M].北京:高等教育出版社,2011.

[2]张晓玲.机械原理课程设计指导[M].北京:北京航空航天大学出版社,2008.

[3]刘毅.机械原理课程设计[M].武汉:华中科技大学出版社,2008.

[4]邹慧君.机械原理课程设计手册[M].北京:高等教育出版社,2004.

[5]师忠秀.机械原理课程设计[M].北京:机械工业出版社,2009.

[6]李瑞琴.机械原理课程设计(第二版)[M].北京:电子工业出版社,2013.

[7]朱金生,凌云.机械设计实用机构运动仿真图解[M].北京:电子工业出版社,2012.

[8]李滨城,徐超.机械原理 MATLAB 辅助分析[M].北京:化学工业出版社,2011.

[9]邹慧君,高峰.现代机构学进展(第2卷)[M].北京:高等教育出版社,2011.

[10]杨家军.机械创新设计与实践[M].武汉:华中科技大学出版社,2016.

[11]孙桓,陈作模,葛文杰.机械原理(第八版)[M].北京:高等教育出版社,2013.

[12]孙亮波,黄美发.机械创新设计与实践[M].西安:西安电子科技大学出版社,2015.